逻辑思考力

LOGICAL THINKING

张一弛
——著

中国经济出版社
CHINA ECONOMIC PUBLISHING HOUSE

图书在版编目（CIP）数据

逻辑思考力 / 张一弛著 . -- 北京 : 中国经济出版社 , 2024.2

ISBN 978-7-5136-7656-4

Ⅰ . ①逻… Ⅱ . ①张… Ⅲ . ①逻辑思维 – 通俗读物 Ⅳ . ① B804.1-49

中国国家版本馆 CIP 数据核字（2024）第 018244 号

责任编辑　张梦初　高　鑫
责任印制　马小宾
封面设计　仙　境

出版发行　中国经济出版社
印 刷 者　三河市宏顺兴印刷有限公司
经 销 者　各地新华书店
开　　本　880mm × 1230mm　1/32
印　　张　6
字　　数　120 千字
版　　次　2024 年 2 月第 1 版
印　　次　2024 年 2 月第 1 次
定　　价　52.00 元
广告经营许可证　京西工商广字第 8179 号

中国经济出版社　**网址** www.economyph.com　**社址** 北京市东城区安定门外大街 58 号　**邮编** 100011

本版图书如存在印装质量问题，请与本社销售中心联系调换（联系电话：010-57512564）

前言 PREFACE

生活实践告诉我们，我们的日常工作和生活都要借助逻辑，并通过逻辑提供的方法识别和驳斥谬误。如果我们不会逻辑思考，就会掉入别人设置的“逻辑陷阱”，从而影响我们正常的工作和生活。

在当下的信息大爆炸时代，我们想要生存，不仅需要艰苦奋斗，更需要头脑灵活，拥有良好的逻辑思考力。况且我们身边充斥着大量真假难辨的信息，有时候很多言论乍看貌似合理，但经过仔细分析就会发现其中的不合逻辑。只有不断提升逻辑思考力，才能分辨其中的真假，从而做出更好的判断，在工作和生活中不断提升效率。

日常生活中，各种违反逻辑的现象层出不穷，朋友圈经常出现“不转就不是中国人”“不转就不爱父母”的“强盗逻辑”；购物网站经常搞“买一送一”活动，其实都是在偷换概念。很多人之所以屡屡上当受骗，正是因为不懂如何进行正确的逻辑思考。

所谓逻辑思考力，可以简单理解为在逻辑指导下进行思考处理问题的能力。面对复杂多变的社会，我们如何才能拥有良好的逻辑思考力？著述本书的目的就在于帮助人们解决这个问题。

本书围绕逻辑思考力的培养和训练，以逻辑故事为导引，引出其中涉及的逻辑知识，然后进一步阐述相关的逻辑理论，最终使人们学会正确思考。本书不仅包括概念、判断、推理、归纳类比、有效论证、识别谬误等逻辑思考力基本内容，还对逻辑思考力的作用、来源、培养方法详加说明，并辅助一定的测试题目，从而帮助读者加深对逻辑思考力的认知和理解。

通过阅读本书，读者可以培养出良好的逻辑思考力，帮助自己深化理解逻辑思考力，学会清晰思考，正确分析和解决具体问题。

目录 CONTENTS

第一章

为何需要逻辑思考力

在人类社会中，无论什么样的人，皆离不开逻辑思考力。没有逻辑思考力，犹如盲人骑瞎马，寻不到去处；没有逻辑思考力，好似蠢汉推空磨，劳而无功。社会的发展，人类的进步，实际上是逻辑思考力不断地从低层次向高层次归纳综合、演变升华的过程。可以说，人类的一切思维认识和议论交际都离不开逻辑思考力，人们日常工作和生活都要借助逻辑思考力。

一　生活离不开逻辑思考力

在日常生活中，逻辑思考力可以运用于各种场景。比如，为了说服一个人，要经过良好的逻辑思考表达自己的观点；为了收集和分析信息，要通过逻辑思考力对信息进行分门别类。

购物网站上，常有很多商家在进行宣传时，打着“买一送一”的旗号，消费者信以为真，立即将商品买下来，结果在收到东西的时候发现并不是自己想的那样。消费者询问商家时，他们给出的解释是买此物送彼物，这也是“买一送一”。例如，有的卖鞋子的商家在做促销活动时的“买一送一”，原来是指买一双鞋子送一双袜子。

朋友圈经常会出现“不转就不是中国人”“不转就不爱父母”的字眼，这其实是“强盗逻辑”，是对人们进行道德绑架。因为，是否转发与是不是中国人、爱不爱父母没有因果关系，而这些现象之所以出现正是因为人们不懂逻辑思考力。所以，在日常生活中，我们要认清不符合逻辑的现象，不要让违反逻辑的信息影响我们的正常生活。

平时聊天时，我们经常会听到“我这么说都是为了你”，“我这么做是为了你好”，“我们关系这么好，我还会害你吗”，等等。这些话听多了，大家都会很反感。其实，这是一种情感绑架。虽然在感情上大家的关系很近，但是与对方说的话、做的事没有必然的逻辑关系。因此，只要明白了这个道理，再遇到类似的情况就可以从容应对。

秦朝末年，赵高独揽大权，试图谋权篡位。他为了试探朝中大臣是否顺从于他，并进一步巩固自身的权势，便命人将一只鹿献给秦二世。他指着那只鹿对秦二世说："陛下，这是一匹马。"秦二世不相信，说："你说错了，这是一只鹿。"赵高便借故问朝堂上的大臣，那些不敢违逆赵高的大臣都说是马，而敢于反对赵高的大臣则说是鹿。后来，赵高将那些说是鹿的大臣用各种手段害死了。在这里，赵高指鹿为马就是违反逻辑的错误，之所以有人附和，是因为赵高利用权威逼迫。因此，培养良好的逻辑思考力，可以增强我们明辨是非和坚持真理的信念。

恋爱期间，女方有时候会问男方这样一个问题："如果有一天我和你妈妈同时掉进水里，你先救哪一个？"如果男方不假思索地回答，就会掉入问题的陷阱。回答先救妈妈，女方就可能说"你不爱我，我们分手吧"；回答先救女方，女方就可能说："连妈妈都不救，以后对我也不会很好。"于是大家想了很多新答案，比较理性的人会说先救离自己最近的那个；比较聪明的人会说先救母亲，然后再跳下去陪女方一起死。其实，从根本上来说，这个问题是违反逻辑的，只要拥有良好的逻辑思考力就不会提出这样的问题。

有的女方还会提出这样的问题："如果可以选择，你希望我先死还是你先死？"男方乍听之下可能会说："我先死。"那么女方可能会说："你不爱我了，如果你先死，谁来照顾我？"男方一急连忙说："那你先死。"女方就可能说："你竟然让我先死，你不爱我了，我们分手吧。"虽然绝大多数女生不会提出这样的问题，但是在遇到类似的情况时，只要男方拥有良好的逻辑思考力就能看穿其中的错误，不会陷入被动的境况。

在日常生活中，我们常听到有父母这样教育孩子：“你就知道天天玩游戏，成绩能好吗？人家隔壁的孩子，从来不玩游戏，你看看人家的成绩……”孩子在听到这样一段长篇大论时，很可能瞬间就晕了。其实，这种说法是违反逻辑的。因为，不玩游戏不一定能提高成绩，成绩上不去还有很多其他的缘故。如果孩子能够进行逻辑思考，看清其中违反逻辑的错误，就可以进行反驳。

曾经有这样一则新闻：在一趟列车上，一名女乘客用凉水给怀里宝宝冲奶粉，引起了乘警队长的怀疑。他越想越觉得不对劲，哪有母亲用凉水冲奶粉喂养不到一个月大的孩子的？最后，乘警队长经过仔细调查发现，这名女乘客是人贩子。如果乘警队长没有发现这个细节，犯罪嫌疑人恐怕就逃之夭夭了，而孩子的父母一定会伤心欲绝。通过一个细节推断出结果，就是逻辑思考力的作用。

二　提高学习成绩需要逻辑思考力

学习是人的本性，人生来就具有学习的能力。正是由于人类具有探索未知事物的好奇心，才有了人类物质文明、精神文明的持续进步。学习的本质是在掌握理解已有知识的基础上，掌握新技术，发现新事物。只有学习能力强，才能更好地掌握知识和理解知识，最终达到掌握新技术、发现新事物的目的。

学习能力受多种因素影响，包括注意力、观察力、思考力、应用力、自觉力、记忆力、想象力、创造力等。而观察力、思考力、应用力、想象力、创造力的增强必须有逻辑思考力的参与，这样才可能提高学习能力。

学习知识的过程，就是发挥逻辑思考力的过程，只有掌握了知识的内在意义，才能真正掌握知识、运用知识。掌握知识、运用知识是靠学习能力实现的，对知识的理解，需要有逻辑思考力参与才能完成。对知识的理解包括以下几方面。

一是对事物类属的理解。在学习知识的过程中，需确定一类事物“是什么”时，理解的性质就是把该事物归入某一范畴，即归入相应的已获得的概念。知觉的理解性也是这种性质的理解之一，是直接的理解。在把低一级的概念归入较高一级的概念时，理解的性质便属于类属的理解，是间接的理解。类属的理解是认识事物的类属关系。

二是对因果关系的理解。在学习知识的过程中，需要弄清楚一种现象为什么发生，以及怎样发生和变化，或者弄清楚一种情况在某些条件下可能会产生什么样的后果时，理解的性质就在于揭露现象间的因果关系。

三是对逻辑关系的理解。在学习知识的过程中，需要认识某一原理的依据，确信其合理性，如学习定理，进行证明与解释道理时，理解的性就是弄清其间的内在逻辑联系与相互依存或类比的关系等。

四是对事物内部构成、组织的理解。当学习的知识涉及事物内部的成分、结构、组成时，理解的性质就是弄清事物内部应有结构、各部分成分的性质、作用及其相互关系等。

以上列举的不同情况下的理解，虽然性质有所区别，但不是各自孤立的，而是相互交错在一起的。

培养逻辑思考力，可以增强理解效果，大大提高学习能力。知识的理解是通过逻辑思考实现的，对丰富的、典型的、正确的感性材料进行比较、分析、综合、抽象、概括，进而理解事物的本质和规律。不管是进行分析、综合，还是进行抽象、概括等，都离不开逻辑思考力。只有发挥逻辑思考力，才能掌握并理解知识的意义，进一步提高学习能力。

经常有学生说："我上课听起来全懂，可一做作业就不知道怎样下手了。"究其原因，就是缺乏学习的逻辑思考力。一般来说，学生解题能力的提高，探究能力的增强，都离不开思维的主体——逻辑思考力。逻辑思考力是凭借原有知识和生活积累感知事物，发现规律的能力，即创造性的学习过程。逻辑思考力越强，视野越开阔，思维越灵活，方法越巧妙，学习能力就越强。

自古以来的治学之道，多是讲勤学、苦学，这自然是对的。但是要真正达到更高的境界，不能仅仅停留在勤、苦，还必须思考。在学习时，我们经常引用韩愈的名句"业精于勤，荒于嬉"，而往往忽略后面的"行成于思，毁于随"。勤而不思，等于食而不化；思而不勤，等于根基不牢。归根结底，还是孔老夫子说得最全面，"学而不思则罔，思而不学则殆"，把学与思的关系都讲得清清楚楚。

然而，就大多数情况来看，应该说思比勤更难。有的人，读书不可谓不多，治学不可谓不严，但皓首穷经，终身无所创见，无所突破。原因就在于缺乏思考，思考是对所学内容进行由表及里、由实及虚的研究出现的升华。这里最重要的是理论联系实际和从社会实践经验中汲取丰富的营养。

提高学习力必须重视逻辑思考力，如果没有一定的逻辑思考力做支撑，那么提高学习力只能是空想。

不少老师有这样的感慨，坐在同一间教室，在同一时间听同一位老师上课的学生，为什么学习效果的差距那么大？比如，学习语文时，同一篇文章，甲已经深得要旨，乙却仍不知所云；同一句妙语，甲已经心领神会，乙却仍不解其味；同一个问题，甲一点即通，乙却启而不发。其中固然有基础的非智力因素（如注意力不集中等）的原因，但最重要的原因是逻辑思考力存在差异。

有了良好的逻辑思考力，简单的文字符号，就有了生命力，成了情思之花；有了良好的逻辑思考力，天地万物就有了情趣灵性，佳词丽章自然跃于纸上。逻辑思考力强的人能理解和运用所学知识，进而解决未知问题，学习成绩当然好。

毫无疑问，学习能力强的人在学习数理化知识时，可以运用对比联想法帮助理解和记忆，把那些互相对立的定理、公式和规律归纳在一起学习。比如，遇到正数和负数、实数和虚数、乘方和开方、微分和积分等相对立的概念，就可以进行对比联想。又如，在记忆圆锥曲线时，采用对比联想法理解和记忆椭圆双曲线与抛物线的定义、方程、图形、焦点、顶点、对称轴离心率等性质，效果会相对好一些。

在日常生活中，不少人有这样的体验，学会了骑自行车，有助于学骑摩托车；学会了俄语，有助于学英语；学会了滑冰，有助于学滑雪。这种现象叫作“学习迁移”，即一种学习对另一种学习的影响。

在学习过程中，发挥逻辑思考力的重要性早已成为共识，我国古人就有“举一反三”“触类旁通”之说。孔子曰：“举一隅不以三隅反，则不复也。”（《论语·述而》）从心理学上讲，“举一反三”和“触类旁通”都是指先前的学习对以后学习的促进，所以都是学习的迁移现象。

如果我们不把所学的知识融会贯通，灵活运用，就无法顺利完成任务。所以，在学习的过程中，没有逻辑思考力的参与，结果是不可想象的。

三　工作效率提高需要逻辑思考力

社会发展日新月异，新情况、新问题不断涌现，新事物、新观念层出不穷。无论在什么单位工作，难度和强度都比以前更大，标准和要求都比以前更高。按部就班、一步一动的路子已经行不通了，墨守成规的做法已经不灵了。开展工作的前瞻性、预见性、主动性和创造性，显得比以往任何时候都重要。而要具备这“四性”，离不开良好的逻辑思考力。

有思想、有头脑，能够创造性地完成工作的人最有价值、最有发展前途。带着思想和智慧工作是知识经济时代的必然要求。如果一个人缺乏头脑、思想和创意，就创造不出高质量的产品，提供不了高水平的服务，满足不了高效率的需求，就无法给自己带来职场上的前景，甚至迟早会被淘汰出局。一个人只有用心工作，创造性地完成工作，才能让自己走向成功和卓越。

波尔格德是石油企业家的儿子。1914 年 9 月，他刚从英国牛津大学毕业回到美国，就决心从事石油开采业。1915 年 10 月，美国俄克拉何马州有一个石油矿井招标，参加投标的企业很多，其中不乏实力雄厚、财大气粗的投标者，竞争异常激烈。波尔格德刚成立的公司资金不足，不是那些大企业的对手。怎么办呢?

经过冥思苦想，波尔格德想到了“空城计”。投标那天，波尔格德租了一身十分华贵的衣服，约了一位他所熟悉的著名银行家，同他一道前往投标会场。到了会场，波尔格德显得气度不凡，胸有成竹，加上身旁有著名银行家陪伴，在场企业家的目光都集中到了他身上。那些跃跃欲试，准备在投标中一决胜负的投标者，心里不免忐忑不安，想到波尔格德是石油企业家的儿子，现在又有大银行家做“参谋”、当“后盾”，认为自己不是波尔格德的对手。于是，投标会场发生了戏剧性的变化，企业家竟然相继离开了，即使留下的也不敢竞价。

结果，波尔格德以五百美元的低价轻而易举地中标了。他的“空城计”居然成功了。4个月后，即1916年2月，波尔格德中标的油矿打出了优质石油。他马上以4万美元的价格将油矿售出，很快便获得了3万多美元的纯利。波尔格德一处又一处地投资开采石油，不断成立新的石油公司。到了1917年6月，23岁的波尔格德已成为拥有40家石油公司的富翁。

对于大多数人来说，工作不是无序和盲目的，而是在按照上司或自己设定的目标和程序进行。这是不是说，我们每天在工作的时候什么都不要想，只按规定、要求去做就可以了呢？答案是否定的，因为任何一项事业或工作，都存在一定的变数，其本身还有不断提高工作质量的要求，要达到这些要求就需要我们勤于思考，弄懂其中的道理，查明原因。

20 世纪 70 年代的日本，人们普遍信奉西医，中医备受冷落，中药根本就卖不出去，因而经营中药的药店境况很是凄凉。从事中药经营的伊仓产业公司社长石川为了改变这一境况，绞尽脑汁，苦苦寻找办法。

石川认为，过去的中药店总是给人一种阴郁的感觉，而且中药独特的味道，很多人接受不了。于是，石川经过思考，想了一个绝妙的办法，他把中药和现代生活方式的茶馆结合起来，以此消除中药店的阴郁气氛。石川按照茶馆的式样要求对药店进行装饰，店内豪华气派，格调高雅，并且装设了空调、灯光、音响等设备。墙壁刷得雪白，地面、桌椅则全部刷成绿色，店内气氛清新宜人，散发着浓郁的现代都市生活气息。店里考究的壁柜里放着或透明或橙黄色的各色中药饮料，有中国著名的人参药酒、鹿茸药酒等，还有掺了中药的果汁等。无论是药酒还是果汁，中药味都大大减轻。

伊仓茶馆别具一格的经营方式，立即吸引了大批年轻顾客，店里经常座无虚席，青年顾客在美妙动听的流行音乐中，悠闲地品味着既能强健身体又合口味的中药饮料。伊仓茶馆借此大获成功，并带动了东京其他中药店的繁荣。

伊仓茶馆仅仅开张两个月，就因电视和报纸的宣传而誉满日本，各地寄来了数不清的信件要求伊仓茶馆提供中药的订单和配药方法。过去没有人愿意吃的中药，现在成为人们竞相购买的珍品，伊仓公司一炮而红。可以设想一下，如果石川社长总是抱着传统的范式去看待问题，没有自己的思考、想法和创意，就不可能取得这么大的成功。

所以，在瞬息万变的全球市场上，无论是企业还是个人，要想在市场竞争中占有一席之地，都必须打破传统的思维范式，只有这样才能在工作和事业中创造出辉煌的业绩。

工作不是对以往的行为进行简单的重复，而是一种高强度的智力性活动，每一步都需要慎思。只有勤奋上进、不断自我加压、多思多想，才能创造出新的东西。这就要求我们在工作中要勤于思考、善于总结、求真务实、改革创新。

职场人士要想把自己变成勤于动脑的人，就要牢记自己的梦想。一个人只有给自己一个奋斗的理由，才能坚定信心，锲而不舍，努力向前。很多人只为薪水而工作，所以他们会把工作当成一项责任，或者是惩罚，从而心生厌烦，这种思想使他们陷入偷懒和拖拉的泥淖。

要想提高自身的工作能力，就要在工作中表现出主动性，把握工作的规律性，赋予工作以创造性。而这也离不开逻辑思考力，只有培养良好的逻辑思考力才能更好地提升工作能力。

四　逻辑思考力让困难疑惑迎刃而解

在学习、工作和生活中，我们经常会遇到一些棘手的问题。只有经过长时间的寻找和探求，拥有良好的逻辑思考力，我们才能找到解决这些问题的答案。例如，人们受飞鸟的启示发明了飞机，受鲸鱼的启示发明了潜水艇，受蝙蝠的启示发明了雷达，等等。

三国时期，有人送给曹操一头大象。曹操很高兴，带着儿子和官员一起去观看。

众人都是第一次看到大象，只见大象身躯庞大，像一堵厚墙，四条腿像四根粗柱子。官员一边观看一边议论道："这么大的大象，到底有多重呢？"

曹操问道："谁有办法把这头大象的重量称出来？"有的官员说："先造一杆大秤，砍一棵大树做秤杆。"有的官员反对道："有了这样的大秤也不行啊，谁有那么大的力气将它提起来呢？"

曹操听了一直摇头。又有官员说道："将大象切成多个小块，然后分别称出重量，再把各部分加起来就知道大象的重量了。"曹操听后恼怒不语。

这时，曹操 7 岁的儿子曹冲站了出来，说："我有个好办法。先将大象赶到一艘大船上，看船身下沉多少，就沿着水面，在船舷上画一条线。再把大象赶上岸，往船上装石头，装到船下沉到画线的地方为止。然后称一称船上的石头。石头有多重，大象就有多重。"

曹操听罢微笑着点了点头。他让人按照曹冲说的办法去做，果然称出了大象的重量。

这就是历史上有名的"曹冲称象"，由此可知逻辑思考力的重要性，曹冲利用称石头重量得到大象重量的方法，化整为零，解决了遇到的困难。

在丝绸业极为发达的 19 世纪中期，法国的养蚕业曾一度陷入一场可怕的危机：快要结茧的蚕，身上长出一粒粒像胡椒粉一样的小斑点，然后便一批批地萎缩死去。

1865 年秋，无奈的法国政府请来了化学家巴斯德。

巴斯德是个化学家，对昆虫学是一窍不通。他毫不掩饰自己缺乏关于昆虫方面的知识，虚心地向昆虫学家法布尔请教，但是依然不得要领。

巴斯德并没有灰心，经过对病蚕蛾的反复观察，他认为蚕瘟很可能与蚕身上的小斑点有关。他将病蚕蛾和健康的蚕分成两组，分别加水研磨，然后放在显微镜下仔细观察。

巴斯德发现，病蚕表皮和内部组织里有一种棕色的微粒，这是一种椭圆形的细菌，而健康的蚕身上却没有。巴斯德意识到，蚕瘟正是这种传染性细菌引起的。

巴斯德在分析蚕蛾生长发育的各个阶段特点以后认为，应该在蚕蛾产卵的阶段就采取措施。他采取的办法是：将每一个蚕蛾产的卵隔离开，凡是在显微镜下发现有椭圆形细菌就立即烧掉，没有椭圆形细菌的就保留下来作为蚕种。

蚕农按照巴斯德的做法，经过 6 年的努力，终于消灭了蚕瘟。法国的养蚕业又呈现出了蓬勃发展的生机。

这就是拥有良好逻辑思考力的巨大作用。逻辑思考力给人们在解决实际问题时提供的这种启示，极大地丰富了人们的知识，对推动人类社会文明进步起到了不可替代的重要作用。

在丰富实践的基础上进行酝酿思考的紧张阶段，由于有关事物的启发，人们探索问题的重要环节得到明确解决，进而使问题得到解决，人们对事物的认识进入一个新的阶段，这怎能不使其思想水平有一个较大的提高呢？

思想和认识水平的提高有助于我们在实践活动中少走弯路，更顺利地到达理想的彼岸。而逻辑思考力对提高思想认识水平的作用不言而喻。

五　有逻辑的方法就是好方法

无论我们想在哪个领域有所建树，都离不开逻辑思考力。所有成功者的秘诀就是逻辑思考力，通过逻辑思考力寻找获得成功最有效的方法。那么应该如何寻找有逻辑的好方法？首先是培养创新思维能力，从而提升创新能力。

从思维的角度来看，创新思维与传统思维存在一定的差别，它多采用逆向思维和发散思维考虑问题，因此具有联想性和叛逆性。

创新能力是人们革旧布新和创造新事物的能力，包括发现问题、分析问题、发现矛盾、提出假设、论证假设、解决问题，以及在解决问题的过程中进一步发现新问题从而不断推动事物发展变化的能力等。创新能力最基本的构成要素是创新激情、创新思维、科技素质。创新激情决定了创新的产生，创新思维决定了创新的成果和水平，而科技素质则是创新的基础。培养逻辑思考力对创新能力的提高起着至关重要的作用，可以大大提高发散思维能力、想象思维能力、跃动思维能力等，进而提升创新能力。

一个人创新能力的高低，主要取决于他的智商、情商和逆商（逆境商数，就是反映人在逆境情形下的适应能力）。如果一个人的智商较低，就不能具有较强的创新能力，而智商高的人，也不意味着创新能力就强，因为还要看一个人的情商和逆商。智商、情商、逆商之和就是逻辑思考力。同样地，如果一个人的情商和逆商不高，那么这个人的创新能力也不会高。

情商是一个人适应社会的品质和能力，如果没有较高的情商，创新成果就缺乏向社会推广实施的有效方法，创新能力也就无从体现，尤其是在社会活动中，没有较高的情商是难以搞好创新的。

逆商是决定创新能力的最基本因素，因为逆商是一个人逆向思维的品质和能力，是一个人能否突破传统思维的根本和关键。一个因循守旧、不能突破传统的人，是很难有所创新的。历史上，许多重大的突破性成果，都是逆向思维的结果。

从人才学的角度考虑，人才分为知识型人才、创造型人才和复合型人才。创新人才就是指创造型人才和复合型人才。

知识型人才，知识比较丰富，具有很强的吸收能力，但是缺乏一定的创造性，所以知识型人才较适合做学问或传道授业解惑（当老师）。

创造型人才，不一定具有丰富的知识，但具有很强的创造性。比如，历史上的黄道婆只是一个不识字的农妇，却发明了纺织术；毕昇只是一介布衣，知识也未必丰富，却发明了活字印刷术，对整个世界做出了重大贡献，等等。这些人就是创造型人才。

复合型人才，是指那些既具有丰富的知识，又具有较强或很强创造性的人。知识不仅提高了这类人的创造水平和创造能力，也开阔了他们的视野，进一步激发了他们的创造活力。可以这样说，知识不仅提升了这类人的创造能力，也为他们插上了腾飞的翅膀。从社会需要来看，社会更需要复合型人才。当然，并不是说社会不需要知识型人才和创造型人才，只是相比较而言，复合型人才在社会上发挥的作用更大。

重视能力的培养，就要重视逻辑思考力的培养，提高逻辑思考力是大幅提升创新能力的根本途径。一旦形成良好的逻辑思考力，人们就会在进行创造性活动，陷入山重水复疑无路的困顿时刻，眼前一亮。

著名物理学家爱因斯坦创立的相对论，被认为是物理学中的一场伟大革命，具有划时代的意义。在谈及狭义相对论观点是怎样形成时，爱因斯坦说："我躺在床上，那个谜（对同时性的绝对论的怀疑）痛苦地折磨我，似乎毫无解答的希望，没有一线光明。但突然黑暗里闪出了亮光，答案出来了！于是我立即投入工作，连续奋斗了五个星期，写成了《论动体的电动力学》的论文。那几个星期我好像处在狂态里一样。"

谈及他又是怎样形成广义相对论观点时，他回忆起当时的情形："一天，我坐在伯尔尼专利局的椅子上，突然想到，假如一个人自由落下时，他会不会感到自身的重量。我为自己的这个假设大吃一惊。这个简单的思想实验，给我打上了深深的烙印。"

由于德、意、日在世界范围内侵略的猖獗，1942年，美、苏、英、中等国开始着手建立反法西斯联盟，为此，决定起草一份宣言。这份宣言叫什么名字呢？美国总统罗斯福和英国首相丘吉尔在一起研究了多次，想过不少名字，但都因不恰如其分而放弃了。

有一天大清早，罗斯福刚起床便不由自主地大叫道："上帝！我终于想起来了！"他急匆匆去找丘吉尔。丘吉尔正在洗澡。罗斯福迫不及待地跨到浴室门前，对丘吉尔高声说道：

“亲爱的温斯顿，我想起来了，你看叫联合国怎么样？”

丘吉尔从漂满了肥皂泡的浴缸里钻出来，孩子般拍了拍白白胖胖的肚皮说：“啊！太好了！”

就这样，罗斯福最后将这份宣言定名为《联合国宣言》。1945 年，联合国成立时，也沿用了这一名称。这就是联合国的由来。

在人们创造或创意过程中，逻辑思考力是不可或缺的一个重要因素，它能帮助人们尽快完成自己的构想。而人一旦有了良好的逻辑思考力，或弄明白、搞清楚了一个道理，就会有见山山平、见河河开、见海海阔、见天天蓝的感觉。逻辑思考力可以让我们透过现象看到事物的本质，使思维的翅膀迅然飞升。

由此可见，良好的逻辑思考力，使在黑暗中努力探索的人很快揭示了事物的本质属性，让认识过程一再缩短。

第二章

给事物贴上“概念”的标签

概念是逻辑思考的起点，是逻辑思考中最基本的要素。学习逻辑思考力需要从认识概念入手，首先要明确概念的内涵与外延、定义、关系、种类，以及其概括和限制。只有明确了概念，才能进一步完成逻辑的思考，避免出现“偷换概念”“乱用概念”“概念不清”“强用概念”等逻辑错误。

一 丰子恺“画画不要脸”——概念与语词谁更“大”

唐朝时，有个叫汪伦的青年人，家境贫寒，喜好读诗。当时，李白已在诗坛上名声远扬。汪伦对李白非常仰慕，希望有机会能一睹李白的风采。可是他细想自己只是个无名小辈，怎么才能请到大诗人李白呢？

后来，汪伦得知李白将要到安徽游历的消息，便决定写信邀请他。当时，世人都知道李白有两大爱好：喝酒和游历。只要有好酒，有美景，李白就会闻风而来。于是汪伦写了这样一封信：“先生喜欢游玩吗？我们这里有十里桃花。先生喜欢喝酒吗？我们这里有万家酒店。请您来皖南泾县游历喝酒吧。”李白看完这封邀请信后，欣然而往。

可是到了泾县以后，李白并没有见到十里桃花和万家酒店。这时，一个布衣打扮素不相识的人走上前来说：“李白先生，我是汪伦，见到您真是太荣幸了。”李白便问道：“那十里桃花和万家酒店在什么地方？”汪伦解释说：“我信里所说的十里桃花，是指十里之外有个桃花潭；而万家酒店，是指由一家姓万的人开的酒店。”李白听了，哈哈大笑道：“原来如此！”两个人就这样成了好朋友。

汪伦在信中写的“十里桃花”和“万家酒店”与李白理解的“十里桃花”“万家酒店”虽然是同一语词，但不是同一概念，所以他们之间产生了误会。然而，汪伦的深厚情谊还是感动了李白，所以李白写下了“桃花潭水深千尺，不及汪伦送我情”这首流传千古的《赠汪伦》。

概念是思维的最基本形式，人的一切思维活动都是通过概念表达出来的。概念与人们的日常生活息息相关，人与人之间的正常交流也离不开概念。我们在说明一个问题的时候，往往会使用不同的概念完成。例如，“他周末去植物园”，这句话里的“他”“周末”“去”“植物园”都是概念；“我中午在食堂吃了面”，这句话里的“我”“中午”“食堂”“吃”“面”也都是概念。

任何概念都可以通过语词进行表达，但不是所有的语词都能表达概念。通常情况下，实词（名词、动词、形容词、代词、数量词等）都可以用来表达概念，虚词（介词、连词、助词、叹词、拟声词等）单独使用时不能用来表达概念。例如，“他、周末、去、植物园、我、中午、食堂、吃、面”等实词可以用来表达概念，而“在、了”等虚词不能用来表达概念。

一般来说，同一个概念可以用不同的语词进行表达。例如，在古代等级森严的封建制度下，对不同阶层人的死亡必须按照其身份地位区别对待，因此有了“崩”“薨”“卒”“不禄”“死”等表达方式。崩，专用于帝王、天子、太后之死；薨，古代称诸侯或有爵位的大官死去（唐之后也以此称二品以上官员之死）；卒，专用于大夫或相当于大夫的高级官员之死；不禄，古代称士之死；死，专用于庶人，即无官爵的平民百姓和官府低级官员、差役的死。

在不同的语境下，同一个语词也可以表达不同的概念，这有时会使语言产生歧义。例如，语词“子”，在不同的语境下可以表达不同的概念，尤其是在古代汉语中，这类现象更加普遍。①“子”可以指儿女，一般指儿子：“丈夫亦爱怜其少子乎？”（《战国策·赵策四》）有时指女儿：“孔子以其兄之子妻之。”（《论语·先进》）②“子”可以是男子的尊称，专指有德的人，相当于“夫子”：“孟子，吾见师之出而不见其入也。”（《左传·僖公三十二年》）引申为对人的尊称，相当于“您”：“吾不能早用子，今急而求子。”（《左传·僖公三十年》）③在儒家的著作（如《论语》《礼记》）中，“子”常常专指孔子：“子曰：‘学而时习之，不亦说乎？’”（《论语·学而》）④“子”可以指子爵，即五等爵（公爵、侯爵、伯爵、子爵、男爵）的第四等：“楚子使屈完如师。”（《左传·僖公四年》）⑤“子”是地支名：“冬十二月丙子朔，晋灭虢。”（《左传·僖公五年》）如果不了解这些概念，就无法正确理解文意。

20世纪30年代，一天早晨，上海的《新闻报》发表了一篇题为《丰子恺画画不要脸》的评论性文章。丰子恺看到之后，不禁大吃一惊，想到自己与作者素不相识，为何会遭到如此辱骂？因而怒不可遏。等到他看完全文之后，却露出了会心的微笑。原来是有人在针对丰子恺先生的一幅画进行评论，认为虽然画面上的人物没有眼睛和鼻子，却生动传神，惟妙惟肖。结果丰子恺先生很赏识这篇评论他画作的文章。

这个故事里的“画画不要脸”能表达不同的概念，使丰子恺先生与评论画作的作者之间产生了一些误会。

一开始丰子恺先生认为“画画不要脸”是辱骂他的话语，待看完文章才明白，这原来是针对他的画作进行生动有趣的评论。通过同一语词表达不同的概念，评论画作的作者反而给丰子恺先生留下了深刻的印象。

二 白马非马——明确概念的内涵与外延

公孙龙是春秋战国时期的名家代表人之一。他有许多有趣的诡论，其中最有名的要数白马非马论。相传，当时赵国境内的马匹流行烈性传染病，秦国为了预防瘟疫的传播，就在函谷关口贴出告示，严禁赵国马匹入关。

一天，公孙龙子骑着一匹白马来到函谷关，准备入城。

关吏说：“你可以入关，但马不能进城。”

公孙龙狡辩道：“白马非马，怎么不可以入关？”

关吏说：“白马是马。”

公孙龙继续狡辩说：“如果这样说，那么我公孙龙是龙了？”

关吏一愣，但仍然坚持说：“按照规定，只要是赵国的马匹就不能入关，不管你是白马还是黑马。”

公孙龙微微一笑，道：“‘马’是指名称而言，而‘白’是指颜色而说，名称和颜色根本不是一个概念。‘白马’这个概念，分开来就是‘白’和‘马’或‘马’和‘白’，这是两个不同的概念。比如说，你要一匹马，那么给你黄马、黑马都可以，但是如果你要一匹白马，那么不论给你黑马还是黄马就都不可以。由此可见，‘白马’和‘马’根本不是一回事！所以说白马非马。”

关吏越听越迷糊，被公孙龙这套诡辩搞得晕头转向，一时间不知该如何对答，最后无可奈何只好让公孙龙骑白马入关。

“白马非马”的论证主要包括三点。

第一，从概念的内涵来说，强调“马”和“白”的不同。“马”的内涵是一种动物，“白”的内涵是一种颜色，而“白马”的内涵是一种动物和一种颜色。它们的内涵各不相同，因此“白马非马”。

第二，从概念的外延来说，强调“马”和“白马”的不同。“马”的外延必然包括所有种类的马，不管其颜色如何；而“白马”的外延只包括白马，存在颜色上的区别。因此“白马非马”。

第三，从共性方面来说，强调“马”和“白马”的共性不同。“马”是指一切马的本质属性，不包括颜色问题，只是“马作为马”；而“白马”包括颜色问题，单指白色的马。两者的共性不同，因此“白马非马”。

对于“白马非马”这个命题，公孙龙虽然在一定程度上看到了“马”和“白马”的区别，即“白马不等于马”，但是他从根本上否认“白马”是“马”，即“白马不属于马”，混淆和玩弄概念的内涵与外延，割裂了个性与共性的关系。这就违反了逻辑思维，背离了客观实际，因此这个命题是错误的，是公孙龙为了自身利益进行的诡辩。

要想拥有逻辑思考力，就必须明确概念，即准确把握概念的内涵与外延。概念的内涵就是概念所反映的对象的本质属性，说明事物是什么样的，即“是什么”“有什么特点”。例如，“人”这个概念的内涵是“能思维，会说话，可以制造和使用工具进行劳动”。“鸟”概念的内涵是“卵生，有羽毛，脊椎动物”。而概念的外延则是概念所反映的对象类，说明事物的范围和数量，即“包含什么”“什么属于这个概念”。“人”这个概念的外延有“男人”“女人”“青年人”“中年人”“老年人”“屈原”“鲁迅”，等等。“鸟”概念的外延有“大雁”“燕子”“喜鹊”“乌鸦”“天鹅”“鸡”“鸭”，等等。

而任何概念都有其内涵与外延。如果概念之间的内涵或外延不同，就是不同的概念。如果确定了一个概念的内涵，那么其概念的外延也会随之确定。反之，如果明白了一个概念的外延，那么其内涵也会随之清楚。例如，理解了“非物质文化遗产”的内涵，便知道了它的外延；而知道了“非物质文化遗产”的外延，则有助于理解这个概念的内涵。

有一次，法国著名作家雨果出国旅行到了某个国家的边境，宪兵要求检查登记，于是便有了以下对话。

宪兵：“姓名？”

雨果：“雨果。”

宪兵：“干什么的？”

雨果：“写东西的。”

宪兵：“以什么谋生？”

雨果：“笔杆子。”

于是宪兵就在登记簿上写道：“姓名：雨果。职业：贩卖笔杆。”

这里的“笔杆子”之所以会引起误会，是因为宪兵与雨果对“笔杆子”概念的理解不同。宪兵理解的“笔杆子”是其内涵，于是认为雨果是“贩卖笔杆的”；而雨果使用的是“笔杆子”的外延，即“写作”。所以，我们要准确把握概念的内涵与外延，以免引起不必要的误会。

三　借钱的逻辑——概念的种类

前段时间，小华的同学找他借钱，但是小华的手头也不宽裕，况且上次借给该同学的钱到现在也没还，所以小华不准备再借给他。

可是他的同学纠缠不休，说道：“你的理想不是为人民服务吗？我也是人民，所以你要为我服务。”小华微笑不语，因为他学过逻辑学，一下就看穿了其中的错误。

在这个故事中，小华的同学犯了混淆概念的逻辑错误。他的第一个前提中的“人民”是在集合概念的意义上使用的，代表集体；而第二个前提中的“人民”是在非集合概念的意义上使用的，代表个体。其实，我们在日常生活中经常会遇到类似的情况。有人说：“中国人民是勤劳勇敢的，我是中国人民，所以我也是勤劳勇敢的。”这里的“中国人民”就是同样的道理。

根据反映的外延大小，概念可以分为普遍概念、单独概念和空概念。其中，普遍概念是反映两个及其以上对象的概念，其外延多于一个，例如，动物、植物、国家、人民、正数等。单独概念是只反映一个对象的概念，其外延只有一个。单独概念可以用地名、人名、书名、事件等专有名词表达，如"北京""鲁迅""《呐喊》"等；也可以用对一种事物特征描绘的摹状词表达，如"中国的首都""《故事新编》的作者""世界最高峰"等。空概念是反映在客观世界中不存在的对象的概念，其没有外延，例如，妖怪、神仙、永动机、圆的方等。

根据反映对象是实体还是属性，可以将概念分为实体概念和属性概念。实体概念指反映的对象是实体的概念，如学生、老师、学校等。属性概念指反映的对象是属性的概念，如聪明、漂亮、小于等。

根据反映对象是正面描述还是反面描述，可以将概念分为正概念和负概念。正概念指含有某种属性，表达肯定意义的概念。例如，成年人、正义、学生、有选举权等。负概念指不含有某种属性，表达否定意义的概念。一般来说，负概念前面都带有"非""未""无"等否定词，例如，未成年人、非正义、非学生、无选举权等。

根据反映对象的外延属于集合体还是类的概念，可以将概念分为集合概念和非集合概念。集合概念指反映集合体的概念，所指为整体，如森林、人类、丛书、工人阶级等。非集合概念指反映类的概念，所指为个体，如树、人、书、工人等。判断某个概念属于集合概念还是非集合概念，不能脱离具体的语境。例如，"小说"这个概念在"这本小说总共20万字"中属于非集合概念，在"他写的小说非常好看"中属于集合概念。

小华在政治课上学过历史唯物主义后，每当与人争辩处于下风时，便会说："人民群众是历史的创造者，我是人民群众，所以我是历史的创造者，我的观点都是对的。”这样数次后，大家都不愿意搭理他了。

在这个故事里，小华犯了混淆概念的错误。其中，第一个前提中的“人民群众”是在集合概念的意义上使用的，代表集体；而第二个前提中的“人民群众”是在非集合概念的意义上使用的，代表个体。我们只有明确集合概念与非集合概念的关系，才能避免和揭示这类混淆概念的逻辑错误。

四　算卦的秘密——明确概念的方法

从前，有三个秀才结伴上京赶考，在路上遇到了一位神机妙算的算命先生，当地人称为“半仙”。于是三人便一同向算命先生求教，问道：“先生，请问我们这次能考中几个？”

只见半仙听后双目紧闭，装模作样地掐算起来，片刻之后，伸出一根指头表示答复。三个秀才不知其意，请求解说。半仙却摇摇头道：“此乃天机，不可泄露，你们日后自会知晓。”三人无奈，只好满怀疑惑地离开了。

后来，三个秀才当中只有一人考中。他觉得当初的算命先生果然不凡，便特地前来酬谢，夸赞道：“先生料事如神，确实名不虚传。”

秀才走后，算命先生的小徒弟便问道：“师父，您是怎么算准的呢？”算命先生淡然一笑说：“其实很简单，只是你不懂其中的奥妙。我虽然只竖了一根手指，但是可以做出四种不同的解释：如果那三个秀才都考中的话，就是‘一同考中’的意思；如果三人都没考中，就是‘一律不中’的意思；如果只有一人没考中，就是‘一人未中’的意思；如果只有一人考中，就是‘只中一个’。所以，不管他们考得怎样，都能证明我的预测是准确的。”从此，小徒弟对算命先生更加佩服了。

这个故事里的算命先生就是利用概念的模糊性，将有歧义的一根手指表达不同的概念，使三个秀才无法确定其真正含义，从而无论结果如何算命先生都可以做出有利于自己的解释。其实，算命先生的行为在逻辑上是错误的，只是因为三个秀才的逻辑思考能力较弱，无法指出其中的关键所在，只能被算命先生忽悠。

（一）概念的定义

明确概念的方法就是明确概念的定义、概括与限制、划分等。其中，明确概念的定义就是明确概念内涵的逻辑方法，并揭示概念所反映对象的本质属性。例如，商品的定义是用于交换的劳动产品。因此，是不是商品取决于是否满足两个条件，一是劳动产品，二是用于交换，只有这两个条件同时满足才是商品。又如，人的定义是能制造和使用生产工具的动物。而在这之前，柏拉图曾经给“人”下的定义是“没有羽毛的两脚动物”，但是他的学生中有一个人不信服这个定义，将一只拔了毛的鸡扔在柏拉图面前，说这就是老师定义的人。这便是没有揭示出人的本质属性，即有思想的本质属性。

定义的一般形式为“被定概念 = 属概念 + 种差”，即定义是由被定义项、定义项和定义联项三个部分组成。其中，被定义项指被定义的概念，定义项指概念所反映对象的本质属性，定义联项指被定义项与定义项之间的连接词。例如，“人是能制造和使用生产工具的动物”。在这个定义中，“人”是被定义项，“能制造和使用生产工具的动物”是定义项，“是”为定义联项。其中，“动物”是属概念，“能制造和使用生产工具”是种差。定义的一般方法是：首先，将概念正确归类，找到被定义概念的属概念；其次，确定被定义概念与同属其他概念之间的差别，即种差。这样，结合起来就得到了一个概念的定义。

定义的种类有性质定义、发生定义、关系定义和功用定义。其中，性质定义指通过揭示事物的特有性质形成的定义，如人是能制造和使用生产工具的动物。发生定义指通过揭示事物发生的过程形成的定义，如原子能指在反应过程中，原子核结构发生变化释放出来的能量。关系定义指通过揭示一个事物与其他事物关系形成的定义，如质数是指只能被 1 和自身整除的大于 1 的自然数。功用定义指通过揭示事物的功能、用途形成的定义，如商品是用于交换的劳动产品。

正确的定义要遵守以下规则。

①定义项与被定义项的外延必须是同一关系。如果违反这条规则，就会导致“定义过宽”或“定义过窄”。当定义项的外延大于被定义项时，称为“定义过宽”；当定义项的外延小于被定义项时，称为“定义过窄”。如果将人定义为“一种社会性动物”，就是犯了“定义过宽”的逻辑错误；如果将商品定义为“通过货币交换的劳动产品”，就是犯了“定义过窄”的逻辑错误。

②定义项中不能直接或间接包含被定义项。如果违反这条规

则，就会导致“同语反复”和“循环定义”。当定义项直接包含被定义项时，称为“同语反复”；当定义项间接包含被定义项时，称为“循环定义”。例如，“逻辑学就是研究思维的逻辑形式及其规律的一门学科”，就属于“同语反复”；“两腰相等的三角形就是等腰三角形，等腰三角形就是两腰相等的三角形”，就属于“循环定义”。

③定义一般不使用否定形式，而是用肯定形式。如果不恰当地使用了否定形式，就可能犯“否定定义”的错误。例如，“难过就是不开心、成功就是没有失败、疾病就是不健康”等，就犯了“否定定义”的逻辑错误。

④定义必须明确清晰，不得出现含混隐晦的语词和比喻，否则就会犯“定义含混”或“比喻定义”的错误。例如，“心动是一种难以形容的莫名其妙的感觉”作为定义就犯了“定义含混”的错误，“书是人类进步的阶梯”作为定义就犯了“比喻定义”的错误。

（二）概念的限制与概括

周五晚上一家人吃饭的时候，小丽对父母说：“我明天要出去。”母亲问：“去哪儿？”小丽答：“江苏。”父亲又问：“江苏的什么地方？”小丽答：“苏州。”母亲接着问：“去苏州玩儿什么？”小丽道：“拙政园。”

这个故事中，父母和小丽之间的问答，就是在一步一步对概念进行限制，从江苏到苏州再到拙政园，最终明确了具体地点所在。所谓限制是指通过增加内涵以缩小外延，从而由属概念到种概念的一种逻辑方法。限制能使概念具体化，当一个定义过宽时，可以使用限制的方法。

> 春秋战国时期，楚王出去打猎时丢失了一张好弓，属下要去寻找，楚王阻止了他们，道："楚国人丢了弓，楚国人捡了弓，何必再去寻找呢？"
>
> 后来，孔子听说了这件事，道："楚王的仁义还不够啊，只需要说人丢了弓，人捡了弓就行了，何必非要是楚国人呢？"

这个故事中，从楚王到楚国人再到人，就是通过概念的概括方法一步一步说明失弓捡弓的道理，从而表达自己的观点。概括是指通过减少内涵以扩大外延，从而由种概念到属概念的一种逻辑方法。概括能使概念抽象化，当一个定义过窄时，可以使用概括的方法。

第三章

真假对错的判断

判断必须通过语句表达，正如概念要通过语词表达。一般情况下，陈述句、反问句可以表达判断，而疑问句、感叹句、祈使句等都不能表达判断。同一语句可以表达不同的判断。例如，“鸡不吃了”，这句话可以表达“鸡不吃食了”“人不吃鸡了”两种意思。不同语句也可以表达同一判断。例如，“只有努力学习才能使成绩优异”“如果想要成绩优异必须努力学习”“要是不努力学习就不会有优异的成绩”这三句话都表达了同一个判断。

一 马克·吐温的道歉声明——性质判断

美国著名作家马克·吐温先生，素以文笔犀利、言辞幽默闻名。1873 年，马克·吐温与查尔斯·沃纳先生共同创作了一部长篇小说——《镀金时代》。

这部小说的主要内容是揭露美国南北战争结束后，资本主义发展引发的投机流行病及政治渎职腐败的歪风，对美国资本家与政客进行了辛辣的讽刺。在新作发布会上，马克·吐温回答记者提问时明确地表示："在美国国会中，有些议员是混蛋。"

此语一出，国会议员认为这句话对他们造成了毁谤，纷纷强烈谴责马克·吐温，并要求他公开道歉。马克·吐温竟欣然接受了，隔天就在报纸上刊登声明说："本人对上次回答记者提问的言论深感抱歉，经过认真考虑，发现那个回答并不恰当，并做出以下修改：在美国国会中，有些议员不是混蛋。"

这个道歉声明一出，国会议员哑口无言，只好不了了之，再也不敢要求马克·吐温公开道歉了。

在这个故事中，马克·吐温回答记者提问时用的是特称肯定判断。议员之所以要求马克·吐温道歉，是因为这个判断中可能包括他们自身。马克·吐温修改后的道歉声明用的特称否定判断。议员之所以哑口无言，是因为这个判断仍包括他们自身。其实这两个判断说的是同一个意思，只不过是换了不同的表达方式，从而反衬出马克·吐温的文笔犀利和言辞幽默。

性质判断也叫“直言判断”，是指断定对象是否具有某种性质的判断，属于简单判断。例如，“太阳从东边升起”“鲁迅的原名是周樟寿”“《哈姆雷特》是莎士比亚的作品”。

一般来说，性质判断由主项、谓项、联项和量项四个部分组成。其中，主项表示断定的对象，在语句中处于主语位置；谓项表示断定对象的性质，在语句中处于谓语位置；联项用来连接主项与谓项，表示所做的断定；量项表示反映对象的数量和范围，指被断定的情况。例如，在“所有偶数都是整数”这个性质判断中，主项是“偶数”，谓项是“整数”，联项是“都是”，量项是“所有”。

根据联项和量项的不同，性质判断可以分为全称肯定判断、全称否定判断、特称肯定判断、特称否定判断、单称肯定判断、单称否定判断六种类型。

全称肯定判断中的联项表示肯定，量项表示全部。其标准形式为所有 S 是 P，缩写为 SAP，简称为“A 判断”。例如，“所有金子都是会发光的”。

全称否定判断中的联项表示否定，量项表示全部。其标准形式为所有 S 不是 P，缩写为 SEP，简称为“E 判断”。例如，“一切事物都是要毁灭的”。

特称肯定判断中的联项表示肯定，量项表示部分。其标准形式为有的 S 是 P，缩写为 SIP，简称为“I 判断”。例如，“有些实验项目是国家重点项目”。

特称否定判断中的联项表示否定，量项表示部分。其标准形式为有的S不是P，缩写为SOP，简称为“O判断”。例如，“有些计算机不是国产的”。

单称肯定判断中的联项表示肯定，量项表示单个。其标准形式为某个S是P。例如，“喜马拉雅山脉是世界上海拔最高的山脉”。

单称否定判断中的联项表示否定，量项表示单个，其标准形式为某个S不是P。例如，“《卡拉马佐夫兄弟》不是莎士比亚的作品”。

同素材（有相同主项和谓项）性质判断包括SAP、SEP、SIP、SOP四种类型。例如，“所有自然数都是整数”（A）、“所有自然数不是整数”（E）、“有些自然数是整数”（I）、“有些自然数不是整数”（O）属于一组同素材性质判断。同素材性质判断之间有着真假方面的联系，并存在以下四种关系（见图3–1）。

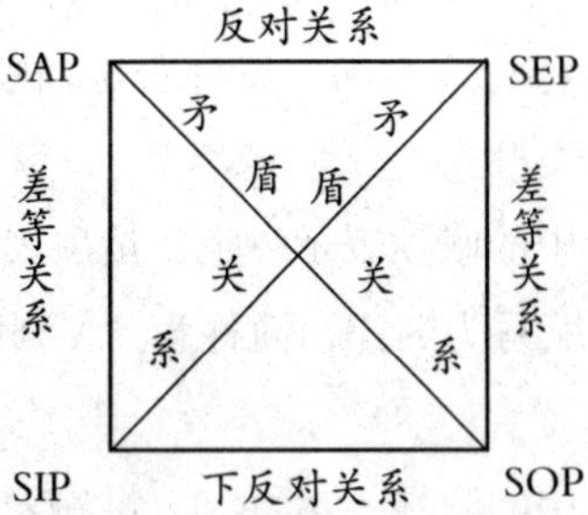

图3–1 同素材性质判断四种类型的关系

第一，矛盾关系。分别存在于A与O、E与I之间，如果其中一个判断为真，则另一个判断必假；如果其中一个判断为假，则另一个判断必真。因而，具有矛盾关系的两个判断，不能同真，也不能同假。

例如，“所有自然数都是整数”（A）与“有些自然数不是整数”（O）具有矛盾关系。如果“所有自然数都是整数”（A）为真，则“有些自然数不是整数”（O）为假；如果“有些自然数不是整数”（O）为假，则“所有自然数都是整数”（A）为真。

第二，反对关系，也叫“上反对关系”，存在于A和E之间。如果其中一个判断为真，则另一个判断必假；如果其中一个判断为假，则另一个判断真假不定。因而，具有上反对关系的两个判断，可以同假，不能同真。

例如，“所有自然数都是整数”（A）与“所有自然数不是整数”（E）具有上反对关系。如果“所有自然数都是整数”（A）为真，则“所有自然数不是整数”（E）为假；如果“所有自然数不是整数”（E）为假，则“所有自然数都是整数”（A）真假不定。

第三，下反对关系，存在于I和O之间。如果其中一个判断为真，则另一个判断真假不定；如果其中一个判断为假，则另一个判断必真。因而，具有下反对关系的两个判断，可以同真，不能同假。

例如，“有些自然数是整数”（I）与“有些自然数不是整数”（O）具有下反对关系。如果“有些自然数是整数”（I）为真，则“有些自然数不是整数”（O）真假不定；如果“有些自然数不是整数”（O）为假，则“有些自然数是整数”（I）为真。

第四，从属关系，分别存在于A和I、E和O之间。每组具有从属关系的两个判断，其中一个是全称判断，另一个是特称判断。如果全称判断为真，则特称判断必真；如果全称判断为假，则特称判断真假不定。如果特称判断为假，则全称判断必假；如果特称判断为真，则全称判断真假不定。

例如，“所有自然数都是整数”（A）与“有些自然数是整数”

（I）具有从属关系。如果“所有自然数都是整数”（A）为真，则“有些自然数是整数”（I）为真；如果“所有自然数都是整数”（A）为假，则有两种可能情况，一是“所有自然数不是整数”（E），二是“有些自然数不是整数”（O）并且“有些自然数是整数”（I）。如果是第一种情况，则“有些自然数是整数”（I）为假；如果是第二种情况，则“有些自然数是整数”（I）为真，因此“有些自然数是整数”（I）真假不定。如果“有些自然数是整数”（I）为假，则“所有自然数都是整数”（A）为假；如果“有些自然数是整数”（I）为真，则有两种可能情况，一是“所有自然数都是整数”（A），二是“有些自然数是整数”（I）并且“有些自然数不是整数”（O）。如果是第一种情况，则“所有自然数都是整数”（A）为真；如果是第二种情况，则“所有自然数都是整数”（A）真假不定，因此“所有自然数都是整数”（A）真假不定。

二　野鸡汤的汤——关系判断

从前，有一个睿智而热心的老爷爷，生活在一个物产丰富的小山村。他有一个做猎人的好朋友。某天黄昏，猎人打猎归来，送给他一只肥硕的野鸡。他便把野鸡肉切块，做了一锅野鸡汤，与猎人共进晚餐。

两天后，有人来拜访。老爷爷开门问道：“你是谁？”那人回答道：“我是那个送你野鸡的猎人朋友的朋友。”老爷爷便请他进屋，还给他端出一碗香喷喷的野鸡汤。吃完野鸡汤，那个客人在千恩万谢中离开了。

过了几天，又有三个人来使劲儿敲老爷爷家的门，并说道：“我们是那个送你野鸡的猎人朋友的朋友。”老爷爷仍热情地招待了他们，并请他们喝了美味的野鸡汤。于是老爷爷的热情好客让外面很多村子都知晓了。

又过了两天，老爷爷家里来了十几个人，他们直接推开房门坐在桌子前，大大咧咧地喊道：“我们也是那个送你野鸡的猎人朋友的朋友的朋友。”

老爷爷笑道：“没想到大家这么热情，我还有些不适应呢。”说罢，便提来了一桶浑浊不堪的脏水。

“这是什么东西，我们的野鸡汤呢？”大家困惑不解地问道。

“这是你们猎人朋友送给我的野鸡做的汤的汤。”老爷爷微笑着说道。

从那之后，再也没有人找老爷爷要野鸡汤喝了。

这个故事中，那些来蹭汤的人不是说“我们是猎人朋友的朋友”，就是说“我们是猎人朋友的朋友的朋友”，这其实是两个关系判断。老爷爷虽然用野鸡汤热情招待了他们两次，但是仍然有想占便宜的人前来蹭汤喝。到了第三次老爷爷实在不能忍受了，就用“野鸡做的汤的汤”讽刺那些贪图小便宜的人，最后再也没有人敢来要汤喝了。

关系判断是断定事物与事物间关系的判断，也属于简单判断。例如，“$1 > 0$”“小明与小红是同学”“八月在九月前面”“我家离你家不远”“一些人反对他的方案”。

一般来说，关系判断由关系者项、关系项、量项三个部分组成。其中，关系者项是表示关系判断中产生关系的事物，属于关系判断的主项，在关系判断中至少存在两个关系者项。例如，上述例子中的“1”和“0”、“小明”和“小红”、“八月”和“九月”、“我家”和“你家”、“一些人”和“他的方案”都属于关系者项。关系项是关系判断中表示关系者项之间的关系，属于关系判断的谓项。例如，上述例子中的“>”“同学”“在……前面”“离……不远”“反对”都属于关系项。量项是关系判断中表示关系者项的数量。例如，上述例子中的“一些”。

我们可以将具有两个关系者项的关系判断的逻辑形式表示为aRb。其中，a与b分别表示关系者项，R表示关系项，量项被省略。

关系的性质具有对称性与传递性。其中，对称性又分为对称性关系、非对称性关系与反对称性关系；传递性又分为传递性关系、非传递性关系与反传递性关系。

对于对象a与b，如果aRb成立，bRa也成立，那么关系R为对称性关系。例如，“小明与小红是同学”“一公里等于两里”中的“同学”“等于”就属于对称性关系。其他常见的对称性关系还有“朋友”“亲戚”“对立”“相同”等。

对于对象a与b，如果aRb成立，bRa可能成立也可能不成立，那么关系R为非对称性关系。例如，“小张看见小李在公园散步”“小王喜欢小华”中的“看见”“喜欢”就属于非对称性关系。其他常见的非对称性关系还有“认识”“相信”“爱上”等。

对于对象a与b，如果aRb成立，bRa不成立，那么关系R为反对称性关系。例如，“$1 > 0$”“八月在九月前面”中的“>”“在……前面”就属于反对称性关系。其他常见的反对称性关系还有“<”“高于”“战胜”“在……之上”“在……里面”等。

对于对象a、b、c，如果aRb成立，bRc成立，aRc也成立，那么关系 R 为传递性关系。例如，“2 > 1，1 > 0，那么 2 > 0”“小明比小李高，小李比小张高，那么小明比小张高”中的“>”“比……高”就属于传递性关系。其他常见的传递性关系还有“<”“比……低”“包含”等。

对于对象 a、b、c，如果 aRb 成立，bRc 成立，aRc 可能成立也可能不成立，那么关系 R 为非传递性关系。例如，“小明认识小张，小张认识小李，那么小明可能认识小李，也可能不认识小李”中的“认识”就属于非传递性关系。其他常见的非传递性关系还有“喜欢”“朋友”“佩服”等。

对于对象 a、b、c，如果 aRb 成立，bRc 成立，aRc 不成立，那么关系 R 为反传递性关系。例如，“小明的数学成绩比小李多 10 分，小李的数学成绩比小张多 10 分，所以小明的数学成绩没有比小张多 10 分（实际多出 20 分）”中的“比……多”就属于反传递性关系。其他常见的反传递性关系还有“比……少”“比……高一倍”“多几倍”“大几岁”“父亲”“母亲”等。

三　一磅肉的故事——联言判断

威尼斯商人安东尼奥素来宽厚正直，贷款给人一概不收利息。而富翁夏洛克卑鄙吝啬心狠手辣，一向靠收取高额的高利贷利息敛财。所以，他看不惯安东尼奥从不收取利息的做法，认为安东尼奥妨碍自己更好地敛财。而安东尼奥也看不惯夏洛克的做法，曾借机羞辱他。因而，夏洛克一直记恨安东尼奥，发誓一定要报复他。

后来，安东尼奥的好朋友巴萨尼奥要向鲍西娅求婚，因而向安东尼奥借三千金币，可当时的安东尼奥手头没有这么多钱，只好向夏洛克借贷，并将尚未回港的商品作为抵押。这时，夏洛克终于等来了复仇的机会，他极力要求用安东尼奥身上的一磅肉代替商品作为抵押，方可同意借贷。在一番口舌之后，安东尼奥终于答应下来，并签订了合约。

几个月后，传来安东尼奥商船失事的消息，因此不能如期还款。夏洛克便将安东尼奥告上法庭，并要求按照合约割下安东尼奥的一磅肉。安东尼奥赶紧给远在鲍西娅处的巴萨尼奥写了一封信，并详细说明了情况。于是巴萨尼奥和葛莱西安诺回到威尼斯，而鲍西娅与尼莉莎也偷偷地化装成律师和书记，去解救安东尼奥。

在法庭上，聪明的鲍西娅答应夏洛克可以割取安东尼奥的一磅肉，只是这一磅肉既不能多，也不能少，如果流下一滴血的话，他的土地财产就要全部充公。因此，安东尼奥获救，夏洛克的阴谋没有得逞。

在这个故事中，鲍西娅就是通过一个联言判断“既不能多，也不能少”要求夏洛克割取一磅肉。而这是不可能同时做到的，于是安东尼奥得以获救。

联言判断是对若干对象情况同时存在加以断定的判断。例如，“谦虚使人进步，骄傲使人落后”“红了樱桃，绿了芭蕉”“莎士比亚既是伟大的剧作家，又是杰出的诗人”。

联言判断的一般形式为“p 并且 q”，其中，p、q 被称为“联言支”，“并且”为联结词。联言判断的符号形式用“$p \wedge q$”表示，其中“$\wedge$”读作“合取”。在日常用语中，常见的联言判断联结词有“不但……而且……”“既……又……”“虽然……但是……”等等。

根据联言支的关系不同，可以将联言判断分为并列关系联言判断、递进关系联言判断和转折关系联言判断。其中，并列关系联言判断是指联言支之间存在并列关系的联言判断。并列关系联言判断常用的联结词有“既……又……”“一方面……另一方面……”“……且……”“……和……”等等。例如，“小明既喜欢读书，又喜欢写作”“小张是一个成绩优异且乐于助人的好孩子”。

递进关系联言判断是指联言支之间存在递进关系的联言判断。递进关系联言判断常用的联结词有“不但……而且……”“不仅……还……”等等。例如，“小明不但完成了老师布置的作业，还看完了妈妈买来的课外读物”。

转折关系联言判断是指联言支之间存在转折关系的联言判断。转折关系联言判断常用的联结词有“虽然……但是……”“尽管……可是……”等等。例如，“小李在这次考试中取得的成绩虽然不太理想，但是他会继续努力，准备在下次考试中取得优异的成绩”。

联言判断的真假由联言支的真假共同决定。如果所有联言支都为真，则联言判断为真；如果联言支中有一个或几个为假，则联言判断为假。即当 p 为真，且 q 亦为真时，$p \wedge q$ 为真；当 p 为真，而 q 为假时，$p \wedge q$ 为假；当 p 为假，而 q 为真时，$p \wedge q$ 为假；当 p 为假，q 亦为假时，$p \wedge q$ 为假。

例如，对于“小张是一个成绩优异且乐于助人的好孩子”这个联言判断，如果“小张成绩优异”为真，且“小张乐于助人”亦为真，则“小张是一个成绩优异且乐于助人的好孩子”才为真；

如果“小张成绩优异”为真，而“小张乐于助人”为假，则“小张是一个成绩优异且乐于助人的好孩子”为假；如果“小张成绩优异”为假，而“小张乐于助人”为真，则“小张是一个成绩优异且乐于助人的好孩子”为假；如果“小张成绩优异”为假，且“小张乐于助人”亦为假，则“小张是一个成绩优异且乐于助人的好孩子”仍为假。

四　华盛顿找马——选言判断

美国第一任总统乔治·华盛顿从小就十分聪明，他年轻时的一件找马逸事更充分说明他的逻辑思维十分缜密。

一天夜里，华盛顿家里的一匹马被人偷走了。华盛顿立刻报了案，他和一位警察一起在家的附近寻找，终于在一家人的农场中找到了丢失的马。华盛顿便向偷马人讨要马匹，但小偷拒不归还，并一口咬定说：“这是我的马。”对此，警察也没有办法，只好不动声色地看着。

这时，华盛顿灵机一动，用双手遮住马的双眼，对那个偷马人说：“如果这马真是你的，那么你一定知道马的哪只眼睛是瞎的吧？”

“右眼。”偷马人装模作样地想了想，然后犹豫地说道。

华盛顿将遮住马右眼的手放下，结果发现马的右眼并没有瞎。

“不好意思，我记错了，马的左眼才是瞎的。”偷马人急忙辩解道。

华盛顿又将遮住马左眼的手放下，结果发现马的左眼也没有瞎。

“对不起，我最近记性不太好……”偷马人还在狡辩。

“你不用狡辩了，现在已经充分说明这匹马不是你的。你必须立刻将马归还给华盛顿先生，然后请你跟我去警察局交代一下事情的经过。”警察说。

在这个故事中，偷马人因为半夜做贼心虚，慌忙中根本没有仔细观察马的眼睛有没有瞎，而华盛顿利用“如果这马真是你的，那么你一定知道马的哪只眼睛是瞎的吧”诱导偷马人，让他误以为这匹马有一只眼睛是瞎的。

偷马人暗想：马要么右眼是瞎的，要么左眼是瞎的，反正有一半的概率答对。如果答错了，就说记得不太清楚，再换另一个答案肯定正确。殊不知，这匹马的眼睛都没有瞎，而这个不相容选言判断（要么右眼是瞎的，要么左眼是瞎的）本身就是假的，便恰好反过来证明了这匹马不是偷马人的。

选言判断是对若干对象情况中至少有一种存在加以断定的判断。例如，“小张或是喜欢音乐，或是喜欢美术”，“小明暑假期间，不是去西塘古镇，就是去大理古城”，“小李要么是湖南人，要么是湖北人”。

选言判断的一般形式为p或者q，其中，p、q称为“选言支”，“或者”为联结词。选言判断的符号形式用“p ∨ q”表示，其中，“∨”读作“析取”。在日常用语中，常见的选言判断联结词有“不是……就是……”“也许……也许……”“可能……可能……”等等。

根据各个选言支能否相容并存，可以将选言判断分为相容选言判断和不相容选言判断。

其中，相容选言判断是指断定若干事物情况中至少有一个存在，并且可以同时存在的选言判断。相容选言判断常用的联结词有“或是……或是……”“可能……可能……”“也许……也许……”等等。例如，“小明今天上课迟到了，可能是路上有事耽搁，也可能是起床晚了”。

不相容选言判断是指断定若干事物情况中至少有一个存在，并且至多只有一种存在的选言判断。不相容选言判断常用的联结词有“要么……要么……”“或者……或者……”“不是……就是……”“也许……也许……”等等。例如，“一个实数，要么是有理数，要么是无理数”。

相容选言判断的真假由选言支的真假共同决定。在相容选言判断中，如果选言支至少有一个为真，则相容选言判断为真；如果选言支都为假，则相容选言判断为假。即在相容选言判断中，选言支可以同真。具体来说，在相容选言判断中，当 p 为真，且 q 亦为真时，$p \vee q$ 为真；当 p 为真，而 q 为假时，$p \vee q$ 为真；当 p 为假，而 q 为真时，$p \vee q$ 为真；当 p 为假，且 q 亦为假时，$p \vee q$ 为假。

例如，当“小张喜欢音乐”为真，且“小张喜欢美术”为真时，“小张或是喜欢音乐，或是喜欢美术”为真；当“小张喜欢音乐”为真，而“小张喜欢美术”为假，“小张或是喜欢音乐，或是喜欢美术”仍为真；当“小张喜欢音乐”为假，而“小张喜欢美术”为真，“小张或是喜欢音乐，或是喜欢美术”仍为真；当“小张喜欢音乐”为假，而“小张喜欢美术”为假，“小张或是喜欢音乐，或是喜欢美术”为假。

不相容选言判断的真假由支判断的真假共同决定。在一个不相容选言判断中，当这些支判断至少有一个为真，并且至多有一个为真时，这个不相容选言判断为真；当这些支判断不止一个为真，或者全部都为假时，这个不相容选言判断为假。即在不相容选言判断中，选言支不可以同真。具体来说，在不相容选言判断中，当 p 为真，而 q 为假时，$p \vee q$ 为真；当 p 为假，而 q 为真时，$p \vee q$ 为真；当 p 为真，且 q 亦为真时，$p \vee q$ 为假；当 p 为假，且 q 亦为假时，$p \vee q$ 为假。

例如，当“小李是湖南人”为真，而“小李是湖北人”为假时，“小李要么是湖南人要么是湖北人”为真；当“小李是湖南人”为假，而“小李是湖北人”为真时，“小李要么是湖南人要么是湖北人”仍为真；当“小李是湖南人”为真，而“小李是湖北人”亦为真时，“小李要么是湖南人要么是湖北人”为假；当“小李是湖南人”为假，“小李是湖北人”亦为假时，“小李要么是湖南人要么是湖北人”为假。

五　皇帝的新装——假言判断

从前，有一个皇帝非常爱美，他不惜花掉所有钱，只为了穿漂亮的衣服。有两个骗子听说了这种情况，便来到皇帝面前说：“我们是织工，能做出人间最漂亮的衣服，但是这件衣服有一个奇怪的特性：任何不称职或者愚蠢的人，都看不见这件衣服。”

于是皇帝高兴极了，便给了这两个骗子许多钱，好让他们马上开始工作，赶快将这件衣服做出来。两个骗子每天假装认真工作到深夜，可那两架织布机上什么都没有。他们还将最细的生丝和最好的金子占为己有，也没人知晓。

一段时间后，皇帝很想知道衣服做得怎样了，但是想起凡是不称职或愚蠢的人就看不见这布，心里感到有些不太自然，便先后派了诚实的老大臣和官员到两个骗子那儿去。老大臣和官员来到那两个骗子的屋子里。那两个骗子同时指着那两架空织布机问他们："花纹是不是很美丽？色彩是不是很漂亮？"可怜的老大臣和官员什么都没有看见，但是他们担心自己是不称职和愚蠢的，便向皇帝汇报说自己看到了人间最漂亮的衣服。

最后，皇帝亲自去看了一次，他到两个狡猾的骗子那里时，这两个家伙正在以全副精力织布，但是皇帝连一根丝的影子也看不见。诚实的老大臣和官员为了让别人相信自己一定看得见布料，便指着那架空织布机赞叹道："多么美的花纹！多么美的色彩！"虽然皇帝什么也没看到，但是为了表示自己不是不称职和愚蠢的，便连忙说："哎呀，真是美极了！我十分满意！"

第二天早上，皇帝便穿着看不见的衣服举行游行大典。虽然在一个小孩子的带头下所有百姓都说出了皇帝身上什么都没穿的真相，但是皇帝仍然神气十足地光着身子走了下去。

在这个故事中，皇帝和大臣之所以明明什么都没看见，却仍然说自己看见了最漂亮的衣服，是因为他们相信了骗子"任何不称职或者愚蠢的人，都看不见这件衣服"这句话。其实这句话是一个错误的假言判断。

假言判断，是指断定一事物情况是另一事物情况存在的条件的判断。通常情况下，一个假言判断包括两个假言支。每个假言判断都由前件、后件和联结词构成。例如，“如果昨天夜里下了大雨，那么今天早晨地上是湿的”，“只有努力学习，才能拥有优异的成绩”，“当且仅当四条边相等、四个角是直角的四边形才是正方形”。

根据事物情况之间存在的条件关系，可以将假言判断分为充分条件假言判断、必要条件假言判断和充要条件假言判断。

充分条件假言判断是指断定一事物情况是另一事物情况存在的充分条件关系的假言判断。

例如，“如果昨天夜里下了大雨，那么今天早晨地上是湿的”。充分条件假言判断的一般形式为：如果 p，那么 q。其中，p 称为“前件”，q 称为“后件”，“如果……那么……”是联结词。上述例子中的“昨天夜里下了大雨”为前件，“今天早晨地上是湿的”为后件，“如果……那么……”“只有……才……”为联结词。

充分条件假言判断的符号形式为 $p \rightarrow q$，“→”读作“蕴涵”。即如果有 p 必有 q，无 p 未必无 q。

例如，当有“昨天夜里下了大雨”时，一定有“今天早晨地上是湿的”；当有“今天早晨地上是湿的”时，不一定有“昨天夜里下了大雨”，可能是洒水车经过，或者是其他原因使地面变湿了。常用的充分条件假言判断还有“只要……就……”“如果……则……”“一旦……就……”等等。

充分条件假言判断的真假，由假言判断的前件和后件能否构成充分条件决定。即在充分条件假言判断中，当前件为真，后件亦为真时，充分条件假言判断为真；当前件为真，而后件为假时，充分条件假言判断为假；当前件为假，而后件为真时，充分条件假言判断为真；当前件为假，后件亦为假时，充分条件假言判断亦为真。

例如，当“昨天夜里下了大雨”为真，且“今天早晨地上是湿的”亦为真时，“如果昨天夜里下了大雨，那么今天早晨地上是湿的”为真；当“昨天夜里下了大雨”为真，而“今天早晨地上是湿的”为假时，“如果昨天夜里下了大雨，那么今天早晨地上是湿的”为假；当“昨天夜里下了大雨”为假，而“今天早晨地上是湿的”为真时，“如果昨天夜里下了大雨，那么今天早晨地上是湿的”为真；当“昨天夜里下了大雨”为假，且“今天早晨地上是湿的”亦为假时，“如果昨天夜里下了大雨，那么今天早晨地上是湿的”为真。

必要条件假言判断是指断定一事物情况是另一事物情况存在的必要条件关系的假言判断。

例如，“只有努力学习，才能拥有优异的成绩”。必要条件假言判断的一般形式为：只有 p，才 q。其中，p 称为“前件”，q 称为“后件”，“只有……才……”是联结词。上述例子中的“努力学习”为前件，“拥有优异的成绩”为后件，“只有……才……”为联结词。

必要条件假言判断的符号形式为 $p \leftarrow q$，“←”读作“逆蕴涵”。即如果无 p 则必无 q，如果有 p 则未必有 q。

例如，当没有“努力学习”时，一定没有“拥有优异的成绩”；当有“努力学习”时，不一定有“拥有优异的成绩”，可能是其他原因影响而不能拥有优异的成绩。常用的必要条件假言判断还有“除非……不……”“没有……没有……”“不……不……”等等。

必要条件假言判断的真假，由假言判断的前件和后件能否构成必要条件决定。即在必要条件假言判断中，当前件为真，后件亦为真时，必要条件假言判断为真；当前件为真，而后件为假时，必要条件假言判断亦为真；当前件为假，而后件为真时，必要条件假言判断为假；当前件为假，后件亦为假时，必要条件假言判断为真。

例如，当“努力学习”为真，且“拥有优异的成绩”亦为真时，“只有努力学习，才能拥有优异的成绩”为真；当“努力学习”为真，而“拥有优异的成绩”为假时，“只有努力学习，才能拥有优异的成绩”亦为真；当“努力学习”为假，而“拥有优异的成绩”为真时，“只有努力学习，才能拥有优异的成绩”为假；当“努力学习”为假，且“拥有优异的成绩”亦为假时，“只有努力学习，才能拥有优异的成绩”为真。

充要条件假言判断是指断定一事物情况是另一事物情况存在的充分必要条件关系的假言判断。

例如，“当且仅当四条边相等、四个角是直角的四边形才是正方形”。充要条件假言判断的一般形式为：当且仅当 p 时，才 q。其中，p 称为“前件”，q 称为“后件”，“当且仅当……才……”是联结词。上述例子中的“四条边相等、四个角是直角的四边形”为前件，“是正方形”为后件，“当且仅当……才……”为联结词。

充要条件假言判断的符号形式为 $p \leftrightarrow q$，“$\leftrightarrow$”读作“等值于”。即如果有 p 则必有 q，如果无 p 则必无 q。

例如，当有“四条边相等、四个角是直角的四边形”时，一定有“是正方形”；当没有“四条边相等、四个角是直角的四边形”时，一定没有“是正方形”。常用的充要条件假言判断还有“当且仅当……则……”“只要……就……并且只有……才……”“如果……那么……且如果不……那么不……”等等。

充要条件假言判断的真假，由假言判断的前件和后件能否构成充分必要条件决定。即在充要条件假言判断中，当前件为真，后件亦为真时，充要条件假言判断为真；当前件为真，而后件为假时，充要条件假言判断为假；当前件为假，而后件为真时，充要条件假言判断为假；当前件为假，后件亦为假时，充要条件假言判断为真。

例如，当“四条边相等、四个角是直角的四边形”为真，且“是正方形”亦为真时，“当且仅当四条边相等、四个角是直角的四边形才是正方形”为真；当“四条边相等、四个角是直角的四边形”为真，而“是正方形”为假时，“当且仅当四条边相等、四个角是直角的四边形才是正方形”为假；当“四条边相等、四个角是直角的四边形”为假，而“是正方形”为真时，“当且仅当四条边相等、四个角是直角的四边形才是正方形”为假；当“四条边相等、四个角是直角的四边形”为假，且“是正方形”亦为假时，“当且仅当四条边相等、四个角是直角的四边形才是正方形”为真。

六 并非所有男人都不是好东西——负判断

小丽又失恋了，算上这次她已经谈了三个男朋友。几次恋爱的失败，都是对方伤害了她。所以，她最近老是和身边的闺蜜抱怨道：“所有男人都不是好东西。”

这天，一个好友找小丽去逛街，小丽又向好友抱怨道："所有男人都不是好东西。"这位好友曾经学过逻辑学，一下便发现了这句话的逻辑错误。于是她开导小丽说："确实有些男人不是什么好东西，但并非所有男人都不是好东西。你不能用极端的观点看问题，将所有男人一棒子打死。"

在这个故事中，"并非所有男人都不是好东西"就是一个负判断，相当于"有的男人是好东西"。

负判断，是指否定一个判断得到的判断。例如，"并非所有鱼都生活在水中"。

负判断的一般形式为：并非 p。其中，p 是支判断，"并非"是联结词。上述例子中，负判断的符号形式为 $\neg p$，"$\neg$"读作"并非"。常用的否定词有"并非""不""没有"等等。

根据负判断的支判断是简单判断还是复合判断，可以将负判断分为简单负判断和复合负判断两类：否定一个简单判断得到的判断为简单负判断；否定一个复合判断得到的判断为复合负判断。

简单负判断可以分为负全称肯定判断、负全称否定判断、负特称肯定判断、负特称否定判断、负单称肯定判断和负单称否定判断六种。其等值判断与等值式如下。

①"并非所有 S 都是 P"等值于"有的 S 不是 P"。例如，"并非所有人都是好人"等值于"有的人不是好人"。

②"并非所有 S 都不是 P"等值于"有的 S 是 P"。例如，"并非所有人都不是好人"等值于"有的人是好人"。

③"并非有 S 是 P"等值于"所有的 S 都不是 P"。例如，"并非有人是好人"等值于"所有人都不是好人"。

④“并非有S不是P”等值于“所有的S都是P”。例如，“并非有人不是好人”等值于“所有的人都是好人”。

⑤“并非某个S是P”等值于“某个S不是P”。例如，“并非莎士比亚是美国人”等值于“莎士比亚不是美国人”。

⑥“并非某个S不是P”等值于“某个S是P”。例如，“并非《罗密欧与朱丽叶》不是莎士比亚的作品”等值于“《罗密欧与朱丽叶》是莎士比亚的作品”。

复合负判断可以分为负联言判断、负相容选言判断、负不相容选言判断、负充分条件假言判断、负必要条件假言判断、负充要条件假言判断和负负判断七种。其等值判断与等值式如下。

①“并非（p并且q）”等值于“并非p或并非q”。例如，“并非小明既喜欢音乐又喜欢美术”等值于“小明不喜欢音乐或者小明不喜欢美术”。

②“并非（p或者q）”等值于“并非p并且并非q”。例如，“并非小明喜欢音乐或者喜欢美术”等值于“小明既不喜欢音乐又不喜欢美术”。

③“并非（要么p，要么q）”等值于“p并且q，或者并非p并且并非q”。例如，“并非小张要么是学习委员，要么是语文课代表”等值于“小张既是学习委员，又是语文课代表”或者“小张既不是学习委员，又不是语文课代表”。

④“并非（如果p，那么q）”等值于“p并且并非q”。例如，“并非选择西方哲学的专业，就找不到工作”等值于“选择西方哲学的专业，也能找到工作”。

⑤“并非（只有p，才q）”等值于“并非p并且q”。例如，“并非只有学历高的人，才能有好的前途”等值于“学历不高的人，也能有好的前途”。

⑥“并非（当且仅当 p，才 q）”等值于“p 并且并非 q，或者并非 p 并且 q”。例如，“并非当且仅当打雷才会下雨”等值于“打雷了但没有下雨”或者“没有打雷也会下雨”。

⑦“并非并非 p”等值于“p”。例如，“并非并非小刘在图书馆”等值于“小刘在图书馆”。

负判断的真假由其支判断决定。当其支判断为真时，该负判断为假；当其支判断为假时，该负判断为真。

例如，当“小王是广东人”这个支判断为真时，它的负判断“小王不是广东人”为假；当“小王是广东人”这个支判断为假时，它的负判断“小王不是广东人”为真。

第四章

成为逻辑推理高手

逻辑思考的核心问题是推理。推理是指由几个已知判断得出新判断的方法。而正确的推理必须满足两个条件：一是推理的前提真实，二是推理的形式有效。而根据前提的数量不同可以将推理分为直接推理和间接推理两种，根据推理方向可以将推理分为演绎推理、归纳推理和类比推理三种。

一 猫与战争——直言三段论的妙用

第一次世界大战中后期，在德军的猛烈攻势下，法军被迫转入防御状态，并修筑了坚固的地下工事。一个名叫福克基尔的德军作战参谋，每天都拿着望远镜仔细侦察，但始终找不到法军的驻地。

某天上午，福克基尔发现一只金黄色的波斯猫在荒无人烟的小山头上晒太阳。之后几个晴朗日子的上午，那只波斯猫一直在那个小山头上晒太阳。福克基尔认真思考后，断言在那只波斯猫出没的山头下一定藏着一个高级别的法军指挥部。于是，德军调集炮火对那个山头进行猛烈轰炸，将其夷为平地。几天后，法国军界流传着这样一则消息：一个肩负重要使命的地下高级指挥部被德军摧毁，所有官兵无一生还。

福克基尔之所以能断定法国指挥部的位置，就是因为他运用了几个直言“三段论”（以下简称“三段论”）的推理。第一个三段论：野猫白天很少出来，而这只波斯猫连续几天都出来晒太阳，所以这是一只家猫。第二个三段论：此地荒无人烟，只有修建地下工事的法军在这附近，所以这只波斯猫是法军的。第三个三段论：这是一只名贵的波斯猫，并且出现在这里，所以这里一定有高级指挥官的存在。

三段论是指由一个共同项把作为前提的两个性质判断连接起来，而得出一个新的性质判断的推理。例如：

这个班的学生都是本地人。
小明是这个班的学生。
所以，小明是本地人。

莎士比亚的戏剧都是经典作品。
《哈姆雷特》是莎士比亚的悲剧。
所以，《哈姆雷特》是经典作品。

三段论是一种简单推理，由三个性质判断组成，其中，有大、小两个前提和一个结论。结论的主项是小项（用 S 表示），包含小项的前提为小前提；结论的谓项是大项（用 P 表示），包含大项的前提为大前提；只在前提中出现，而不在结论中出现的项为中项（用 M 表示）。例如：

所有整数都是实数。
所有自然数都是整数。
所以，所有自然数都是实数。

在上述例子中，“所有整数都是实数”是大前提，“所有自然数都是整数”是小前提，“所有自然数都是实数”是结论，“自然数”为主项，“实数”为谓项，“整数”为中项。

三段论推理的一般形式用字母表示为小前提 MAP（所有 M

都是P），大前提SAM（所有S都是M），结论SAP（所有S都是P）。

为了保证三段论推理的有效性，其一般遵循以下规则。

①一个三段论中，只能有三个不同的项。每个三段论都包含大项、小项和中项，而作为中项的语词只能表达一个概念。如果作为中项的语词表达了两个概念，那么这个三段论实际上有四个不同的项，即相当于没有中项，而这样得出的结论必然是错误的。例如：

共产党的根本宗旨是为人民服务。

我是人民。

所以，共产党要为我服务。

上述三段论是错误的，因为在这个推理过程中，作为中项的“人民”，在大前提中是集合概念，代表全体，指所有人民；而在小前提中是非集合概念，代表个体，只是全体人民中的一员。所以，中项“人民”实际上表达了两个不同的概念，这个三段论出现了四个词项，因此不是正确的三段论。

②中项在两个前提中至少周延一次。在一个三段论中，中项在前提中起到桥梁和媒介的作用，必须使大项、小项与中项发生关系。如果中项在两个前提中一次都不周延，就不能保证中项同时与大项、小项都发生关系，导致中项不能在前提中起到桥梁和媒介的作用，从而无法得出确定的结论。例如：

所有伟大的作家都喜欢看书。

我喜欢看书。

所以，我是伟大的作家。

在这个三段论中，中项“喜欢看书”在大前提和小前提中一次也没有周延，因此该推理是无效的，不能得出必然的结论。

③在两个前提中不周延的项，在结论中不得周延。如果大项或者小项在前提中不周延，就说明它只断定了部分外延，所以在结论中只能断定部分外延。也就是说，结论不能超出前提规定的范围。否则，结论的范围超出了前提的范围，就不能保证结论的正确性。例如：

鲁迅在《论辩的灵魂》中写道：“你说甲生疮。甲是中国人，你就是说中国人生疮了。既然中国人生疮，你是中国人，就是你也生疮了。你既然也生疮，你就和甲一样。而你只说甲生疮，则竟无自知之明，你的话还有什么价值？倘你没有生疮，是说诳也。卖国贼是说诳的，所以你是卖国贼。我骂卖国贼，所以我是爱国者。爱国者的话是最有价值的，所以我的话是不错的，我的话既然不错，你就是卖国贼无疑了！”

这里有一个三段论为：

你说甲生疮。
甲是中国人。
你就是说中国人生疮了。

在这个三段论中，“中国人”在前提中不周延，但在结论中周延了，因此这是一个错误的三段论。

④两个否定前提推不出结论。如果两个前提都是否定的，就说明前提中的大项与中项、小项与中项是相互排斥的，中项不能起到连接大项、小项的桥梁媒介作用，大项与小项之间有多种可能，因此无法根据前提推出确定的结论。例如：

所有小说都不是诗歌。

这部文学作品不是小说。

所以……

这个三段论推不出确定的结论。

⑤两个前提中，如果有一个是否定的，那么结论必然是否定的。如果两个前提有一个是否定的，当大项是否定时，则大项与中项相互排斥；当小项是否定时，则小项与中项相互排斥。而大项与小项是靠中项联系的，当大项或小项是否定时，必然与中项是排斥的，所以通过大项与小项建立的结论就是否定的。例如：

天文学属于自然科学。

人类学不属于自然科学。

所以，人类学不属于天文学。

⑥如果结论是否定的，那么两个前提中必有一个是否定的。如果结论是否定的，那么说明大项与小项是相互排斥的。而大项与小项是靠中项连接的，此时必有一个与中项相排斥，而与中项相排斥的那个前提就是否定的。也就是说，两个肯定的前提推不出否定的结论。例如：

所有偶数都是自然数。

所有自然数都是整数。

所以，有些整数不是偶数。

在这个三段论中，虽然结论是正确的，但推理是错误的。

⑦两个特称前提不能推出结论。例如：

在场的有些人是男生。

在场的有些人是学生。

所以……

在这个三段论中，两个特称前提无法推出一个必然的结论。

⑧有一个前提是特称，结论必然为特称。例如：

所有紫葡萄都是葡萄（全称）。

这些水果都是紫葡萄（特称）。

所以，这些水果都是葡萄（特称）。

二　路在何方与谁考北大——巧用联言推理与选言推理

晴朗的午后，一位旅行探险者在一座美丽的小岛上迷路了。他走了一会儿，发现前面的岔路口有两条路，旁边的路标上写着：“这两条路只有一条是正确的，如果选择了错误的路，则必死无疑。”

这位旅行探险者在附近发现了一个村落，而这个村落里的原住民有些只说真话，有些只说假话。他想要知道正确的道路，于是问一个遇到的村民："左边是正确的路，并且今天天气真好，对吗？"

村民答："不对。"这位旅行探险者根据这个答案找到了正确的道路。

这位旅行探险者之所以能找到正确的道路，是因为他使用了一个联言推理："左边是正确的路，并且今天天气真好，对吗？"而村民的回答是："不对。"这说明要么"左边的路是正确的"是错误的，要么"今天天气真好"是错误的，而因为今天是晴朗的，所以只能是"左边的路是正确的"是错误的，而右边的路才是正确的。

（一）联言推理

联言推理，是指前提或结论为联言判断，并根据联言判断的逻辑进行的推理。例如：

我们要提升物质生活水平。

我们要提升精神生活水平。

所以，我们既要提升物质生活水平，又要提升精神生活水平。

联言判断的形式有两种：合成式与分解式。其中，合成式联言判断指结论是联言判断的推理。例如：

莎士比亚是剧作家。

莎士比亚是诗人。

所以，莎士比亚既是剧作家又是诗人。

合成式联言判断的形式为：

p。

q。

所以，p 并且 q。

当合成式联言判断中的前提都为真时，结论才为真。

分解式联言判断指前提是联言判断的推理。例如：

小明既是我们班的三好学生，又是我们班的学习委员。

所以，小明是我们班的学习委员。

分解式联言判断的形式为：

p 并且 q。

所以，p。

或者

p 并且 q。

所以，q。

当分解式联言判断中有一个前提为真时，结论必为真。

（二）选言推理

选言推理，是指前提有一个选言判断，并根据选言判断的逻辑进行的推理。例如：

小明暑假期间不是去西塘古镇就是去大理古城。
小明暑假期间没去西塘古镇。
所以，小明暑假期间去了大理古城。

选言推理分为相容选言推理与不相容选言推理。其中，相容选言推理是指前提中有一个相容判断的选言推理。例如：

小张或是喜欢音乐或是喜欢美术。
小张不喜欢美术。
所以，小张喜欢音乐。

相容选言推理有两条推理规则：第一，要否定一部分选言支，就要肯定另一部分选言支；第二，要肯定一部分选言支，就不能否定另一部分选言支。根据这两条推理规则，相容选言推理有一个有效式——否定肯定式，一个无效式——肯定否定式。也就是说，相容选言推理只有否定肯定式是正确的，而肯定否定式是错误的。

否定肯定式（有效式）的形式为：

p 或者 q。
非 p。

所以，q。

或者

p 或者 q。
非 q。
所以，p。

例如：

小张或是喜欢音乐或是喜欢美术。
小张不喜欢美术。
所以，小张喜欢音乐。

或者

小张或是喜欢音乐或是喜欢美术。
小张不喜欢音乐。
所以，小张喜欢美术。

这两个选言推理都属于相容选言推理的否定肯定式，所以是正确的。

肯定否定式（无效式）的形式为：

p 或者 q。
p。

所以，非 q。

或者

p 或者 q。

q。

所以，非 p。

例如：

小张或是喜欢音乐或是喜欢美术。

小张喜欢美术。

所以，小张不喜欢音乐。

或者

小张或是喜欢音乐或是喜欢美术。

小张喜欢音乐。

所以，小张不喜欢美术。

这两个选言推理都属于相容选言推理的肯定否定式，所以是错误的。

不相容选言推理是指前提中有一个不相容判断的选言推理。例如：

小李要么是湖南人，要么是湖北人。

小李是湖南人。

所以，小李不是湖北人。

不相容选言推理有两条推理规则：第一，要肯定一个选言支，就要否定其他选言支；第二，要否定一个选言支以外的选言支，就要肯定余下的选言支。根据这两条推理规则，不相容选言推理有否定肯定式和肯定否定式，也就是说，在不相容选言推理中，否定肯定式和肯定否定式都是有效式，是正确的。

否定肯定式的形式为：

要么 p，要么 q。
非 p。
所以，q。

或者

要么 p，要么 q。
非 q。
所以，p。

例如：

小李要么是湖南人，要么是湖北人。
小李不是湖南人。
所以，小李是湖北人。

或者

小李要么是湖南人，要么是湖北人。

小李不是湖北人。

所以，小李是湖南人。

这两个选言推理都属于不相容选言推理的否定肯定式，是正确的。

肯定否定式的形式为：

要么 p，要么 q。

p。

所以，非 q。

或者

要么 p，要么 q。

q。

所以，非 p。

例如：

小李要么是湖南人，要么是湖北人。

小李是湖南人。

所以，小李不是湖北人。

或者

小李要么是湖南人，要么是湖北人。

小李是湖北人。

所以，小李不是湖南人。

这两个选言推理都属于不相容选言推理的肯定否定式，是正确的。

某中学的三位老师聚在一起探讨小明和小华的高考前景。

周老师说："要么是小明考上北大，要么是小华考上北大。"

李老师说："我觉得他们两个都考不上北大。"

王老师说："我觉得小明和小华都能考上北大。"

高考结果证明，三位老师中只有一人的推测正确。如果上述断定为真，则哪位老师的推测是正确的？

这个题目要运用选言推理的知识。周老师的推测是不相容选言推理，所以，如果周老师的推测是正确的，就说明小明和小华必定有且只有一个考上了北大。假设周老师的推测是正确的，则李老师的推测是错误的，而王老师的推测也是错误的。这符合题目给出的条件，所以周老师的推测是正确的。

三　识别小偷——正确运用假言推理

某市的某家店铺失窃，警察逮捕了四个犯罪嫌疑人，并得到了以下口供。

甲说："丙是罪犯。"

乙说："罪犯是丁。"

丙说："如果我作案，那么丁是主犯。"

丁说："我没有作案。"

如果上述口供中只有一个是假的，当以上断定为真时，那么说假话的是谁，作案者是谁？

根据题目的条件——只有一个口供是假的，再结合四个犯罪嫌疑人的口供，可以推出乙和丁必有一个为假。所以，甲和丙为真，由此可知，作案者为丙和丁。

而当甲为真时，丙为罪犯，再加上丙的口供，就会形成一个充分条件的假言推理，即

如果我作案，那么丁是主犯。

丙是罪犯。

那么丁是主犯。

所以，可推出丁是主犯，最终可知丁说了假话。

假言推理是指前提中有一个假言判断，并根据假言判断前、后件的关系得出结论的推理。一般情况下，假言推理是以一个假言判断和性质判断为前提，以另一个性质判断为结论组成的。例如：

如果昨天夜里下大雨，那么今天早晨地上是湿的。

昨天夜里下了大雨。

所以，今天早晨地上是湿的。

只有努力学习，才能拥有优异的成绩。

小明没有努力学习。

所以，小明不能拥有优异的成绩。

根据假言推理前提中的假言判断类型，可以将假言推理分为充分条件假言推理、必要条件假言推理和充要条件假言推理。

（一）充分条件假言推理

充分条件假言推理是指前提中有一个充分条件的假言判断的假言推理。例如：

如果昨天夜里下大雨，那么今天早晨地上是湿的。

昨天夜里下了大雨。

所以，今天早晨地上是湿的。

充分条件假言推理的规则是：第一，要肯定前件就要肯定后件；第二，要否定前件就不能否定后件；第三，要肯定后件就不能肯定前件；第四，要否定后件就要否定前件。根据这些规则，可以推出充分条件假言推理有两个有效式——肯定前件式和否定后件式，两个无效式——肯定后件式和否定前件式。

肯定前件式的推理形式为：

如果 p，那么 q 。

p。

所以，q。

例如：

如果昨天夜里下大雨，那么今天早晨地上是湿的。
昨天夜里下了大雨。
所以，今天早晨地上是湿的。

这属于充分条件假言推理的肯定前件式，是正确的。

否定后件式的推理形式为：

如果 p，那么 q。
非 q。
所以，非 p。

例如：

如果昨天夜里下大雨，那么今天早晨地上是湿的。
今天早晨地上不是湿的。
所以，昨天夜里没有下大雨。

这属于充分条件假言推理的否定后件式，也是正确的。

肯定后件式的推理形式为：

如果 p，那么 q。
q。
所以，p。

例如：

如果昨天夜里下大雨，那么今天早晨地上是湿的。
今天早晨地上是湿的。
所以，昨天夜里下了大雨。

这属于充分条件假言推理的肯定后件式，是错误的。

否定前件式的推理形式为：

如果 p，那么 q。
非 p。
所以，非 q。

例如：

如果昨天夜里下大雨，那么今天早晨地上是湿的。
昨天夜里没有下大雨。
所以，今天早晨地上不是湿的。

这属于充分条件假言推理的否定前件式，也是错误的。

（二）必要条件假言推理

必要条件假言推理是指前提中有一个必要条件的假言推理。例如：

只有努力学习，才能拥有优异的成绩。
小明没有努力学习。

所以，小明不能拥有优异的成绩。

必要条件假言推理的规则是：第一，要否定前件就要否定后件；第二，要肯定前件就不能肯定后件；第三，要肯定后件就要肯定前件；第四，要否定后件就不能否定前件。根据这些规则，可以推出必要条件假言推理有两个有效式——否定前件式和肯定后件式，两个无效式——肯定前件式和否定后件式。

否定前件式的推理形式为：

只有 p，才能 q。
非 p。
所以，非 q。

例如：

只有努力学习，才能拥有优异的成绩。
小明没有努力学习。
所以，小明不能拥有优异的成绩。

这属于必要条件假言推理的否定前件式，是正确的。

肯定后件式的推理形式为：

只有 p，才能 q。
q。
所以，p。

例如：

只有努力学习，才能拥有优异的成绩。
小明拥有优异的成绩。
所以，小明一定努力学习了。

这属于必要条件假言推理的肯定后件式，也是正确的。

肯定前件式的推理形式为：

只有 p，才能 q。
p。
所以，q。

例如：

只有努力学习，才能拥有优异的成绩。
小明努力学习。
所以，小明一定拥有优异的成绩。

这属于必要条件假言推理的肯定前件式，是错误的。

否定后件式的推理形式为：

只有 p，才能 q。
非 q。
所以，非 p。

例如：

> 只有努力学习，才能拥有优异的成绩。
> 小明不能拥有优异的成绩。
> 所以，小明一定没有努力学习。

这属于必要条件假言推理的否定后件式，还是错误的。

（三）充要条件假言推理

充要条件假言推理是指前提中有一个充要条件的假言判断。例如：

> 当且仅当四条边相等、四个角是直角的四边形，才是正方形。
> 这个四边形的四条边相等且四个角是直角。
> 所以，这个四边形是正方形。

充要条件假言推理的规则是：第一，要肯定前件就要肯定后件；第二，要否定前件就要否定后件；第三，要肯定后件就要肯定前件；第四，要否定后件就要否定前件。根据这些规则，可以推出充要条件假言推理有四个有效式：肯定前件式、否定前件式、肯定后件式和否定后件式。

肯定前件式的推理形式为：

> 当且仅当 p，q。
> p。
> 所以，q。

否定前件式的推理形式为：

当且仅当 p，q。
非 p。
所以，非 q。

肯定后件式的推理形式为：

当且仅当 p，q。
q。
所以，p。

否定后件式的推理形式为：

当且仅当 p，q。
非 q。
所以，非 p。

四 半费之讼——有趣的二难推理

古希腊有一个著名的辩者普罗泰戈拉，有一个叫欧提勒士的年轻人慕名而来向他学习辩论技巧。两人签订了一份合同：普罗泰戈拉向欧提勒士传授辩论技巧，教他如何帮人打官司；欧提勒士入学时付一半学费给普罗泰戈拉，另一半学费则等他毕业后帮人打赢一场官司时付清。

过了几年，欧提勒士毕业了，但是他总不帮人打官司，所以普罗泰戈拉一直得不到另一半学费。

普罗泰戈拉实在等得不耐烦了，他将欧提勒士告上了法庭，并提出以下二难推理："如果欧提勒士打赢了这场官司，那么按照合同的约定，他应该付给我另一半学费；如果欧提勒士打输了这场官司，那么按照法庭的裁决，他也应该付给我另一半学费。不管欧提勒士打赢还是打输这场官司，他都应该付给我另一半学费。"

而欧提勒士则针对普罗泰戈拉的理论提出了一个完全相反的二难推理："如果我打赢了这场官司，那么按照法庭的判决，我不应该付给普罗泰戈拉另一半学费；如果我打输了这场官司，那么按照合同的约定，我也不应该付给普罗泰戈拉另一半学费。不管我打赢还是打输这场官司，都不应该付给他另一半学费。"

在这个逻辑学中著名的"半费之讼"故事里，合同的约定和法庭的裁决是相互矛盾的，所以，普罗泰戈拉和欧提勒士在有利于自身的情况下，围绕合同的约定和法庭的裁决，分别提出了一个二难推理。

二难推理，是指由两个假言判断和一个二支选言判断做前提构成的推理。例如：

某人一直在寻找真理，一天，有人问他："你真的不知道真理是什么吗？"那个人说："不知道。"别人又问："你既然不知道真理是什么，那么在你找到真理的时候，又将如何将其辨别出来呢？”那人沉默不语。别人继续道：“如果你可以辨别出真理与否，就说明你已经知道了真理是什么，又何必寻找呢？”

二难推理的基本形式为：

如果 p，那么 r。
如果 q，那么 r。
p 或者 q。
所以，r。

例如：

如果欧提勒士打赢了这场官司，那么按照合同的约定，他应该付给我另一半学费。

如果欧提勒士打输了这场官司，那么按照法庭的裁决，他也应该付给我另一半学费。

不管欧提勒士打赢还是打输这场官司，他都应该付给我另一半学费。

驳斥错误的二难推理方法有两种：一是指出其推理前提是错误的，二是指出其推理形式是无效的。例如：

如果我手里没有钱，那么我只好找别人借钱。
如果我看到别人有钱，那么我只好找别人借钱。

或者我手里没有钱，或者我看到别人有钱。

所以，我只好找别人借钱。

这个推理的两个假言前提是错误的，其前件与后件不具有充分条件关系，所以这个推理是错误的。

从前，有个残暴的国王，他想把一批囚徒处死。当时，较常见的处死方法有两种：一种是砍头，另一种是绞刑。如何处死这批囚徒？国王决定让囚徒自己选择。条件是这样的：囚徒可以任意说一句话，如果囚徒说的是真话，就处绞刑；如果囚徒说的是假话，就被砍头。结果，绝大多数囚徒不是因为说了真话而被绞死，就是因为说了假话而被砍头。当轮到一个聪明的囚徒选择处死方法时，他说了一句话，使国王最后没有办法执行原来的决定，结果只得把他放了。

他机智地说："我将被砍头。"正是这句话使国王左右为难。如果将他砍头，他说的就是真话，而说真话是应该被绞死的。但是如果将他绞死，他说的就是假话了，而说假话是应该被砍头的。其实这就是一个利用二难推理拯救自己的实例。

五　高斯的计算方法——归纳推理化繁为简

德国著名数学家高斯从小就头脑聪明，遇事观察仔细。大约在他 10 岁的时候，有一天上算数课，老师出了一道难题让学生计算：

1+2+3+…+98+99+100=？

出题后，老师看着学生埋头苦算，心想，这道题对10岁左右的学生来说已经够难了，这样就可以休息一下了。但是，还不到几秒钟，小高斯就举起手来，告诉老师这道题的答案是5050。

老师吃了一惊，因为高斯的答案是正确的，而其他学生还在一个一个地加起来进行计算。于是他问高斯："你是如何这么快就计算出正确结果的？"

高斯解释道："我发现了这道题的规律，1+100 = 101，2+99 = 101，3+98 = 101，…，49+52 = 101，50+51 = 101，即从1到100这100个数字，依次把首尾的两个数加起来都等于101，而这样的情况刚好有50对，所以，这道题的答案是5050，即50×101 = 5050。"

在这个故事中，小高斯之所以能很快计算出正确结果，是因为运用了归纳推理的方法，而且这是一个完全归纳推理。

归纳推理是以个别性知识为前提得出以一般性知识为结论的推理，即从个别推出一般的推理。根据前提对象范围的不同，可以将归纳推理分为完全归纳推理与不完全归纳推理两类。

（一）完全归纳推理

完全归纳推理，是指根据某类事物中的每个对象是否具有某种属性，推出该类事物具有某种属性的推理。例如：

我们社团策划部的同学都是江苏人。

我们社团组织部的同学都是江苏人。

我们社团文艺部的同学都是江苏人。

我们社团宣传部的同学都是江苏人。

我们社团后勤部的同学都是江苏人。

我们社团一共有策划部、组织部、文艺部、宣传部、后勤部五个部门。

所以，我们社团五个部门的同学都是江苏人。

完全归纳推理的推理形式为：

S_1 是 P。

S_2 是 P。

……

S_n 是 P。

S_1，S_2，…，S_n 是 S 类的全部个体对象。

所有 S 都是 P。

注意：完全归纳推理只有在前提中考察了某类事物的全部对象，结论断定的范围没有超出前提的范围情况下，得到的结论才是正确的。

（二）不完全归纳推理

不完全归纳推理，是指根据某类事物中的部分对象是否具有某种属性，推出该类事物具有某种属性的推理。不完全归纳推理可以分为简单枚举归纳推理和科学归纳推理。

简单枚举归纳推理，又叫“简单枚举法”，是指依据一类事物中的部分对象是否具有某种属性，并且没有遇到反例，推出该类事物一般性结论的归纳推理。例如：

4 可以分解为两个质数之和。
6 可以分解为两个质数之和。
8 可以分解为两个质数之和。
10 可以分解为两个质数之和。
12 可以分解为两个质数之和。
……
4、6、8、10、12……都是大于 2 的偶数。
所以，一切大于 2 的偶数都可以分解为两个质数之和。

这便是数学界著名的哥德巴赫猜想。而哥德巴赫猜想就是使用了简单枚举归纳推理，即根据有限个大于 2 的偶数可以分解为两个质数之和，并且没有遇到过反例，便推断出一切大于 2 的偶数都可以分解为两个质数之和。哥德巴赫猜想虽然是正确的，但是无法得到严格的证明。

简单枚举归纳推理的推理形式为：

S_1 是 P。
S_2 是 P。
……
S_n 是 P。
S_1，S_2，…，S_n 是 S 类的部分对象。
所有 S 都是 P。

注意：简单枚举归纳推理是依据某种属性在一类事物中反复

出现，并且没有遇到反例，从而推出一般性结论。这并不能说明它没有反例，而是很可能反例还没有被发现。因此，要提高简单枚举归纳推理的可靠性，需要做到增加考察的对象数量和扩大考察的对象范围。如果不注意这些便得出一般性结论，可能导致“以偏概全”的错误。

科学归纳推理，又叫“科学归纳法”，是指依据某类事物的部分对象与某种属性之间的因果关系提出该类事物具有某种属性的归纳推理。例如：

三角形的内角和为 180° =（3−2）×180°

四边形的内角和为 360° =（4−2）×180°

五边形的内角和为 540° =（5−2）×180°

……

三角形、四边形、五边形都是多边形，并且它们的内角和分别是 180°、360°、540°，而它们的内角和都等于（n−2）×180°（其中，n 为边数）。

所以，多边形的内角和等于（n−2）×180°（其中，n 为边数）

科学归纳推理的推理形式为：

S_1 是 P。

S_2 是 P。

……

S_n 是 P。

S_1，S_2，…，S_n 是 S 类的部分对象，并且若 S 则 M，若

M 则 P。

所有 S 都是 P。

注意：科学归纳推理只有在找到对象与属性之间的因果关系，并确定因果关系的真实性的情况下，得到的结论才是正确的。

①简单枚举归纳推理与科学归纳推理的相同点。第一，它们都属于不完全归纳推理；第二，它们的前提都只考察了某类事物的部分对象；第三，它们的结论范围都超出了前提给定的范围。

②简单枚举归纳推理与科学归纳推理的不同点。第一，推理依据不同。简单枚举归纳推理是依据某种属性在某类部分对象中反复出现，并且没有遇到反例而推出结论；科学归纳推理是依据某类事物的部分对象与某种属性的因果关系而推出结论。第二，考察对象的数量要求不同。简单枚举归纳推理要求被考察对象的数量越多越好；科学归纳推理要求被考察的对象数量不多，甚至有一两个典型事例即可。第三，结论的可靠程度不同。虽然它们的结论都是或然的，但是科学归纳推理的归纳程度大于简单枚举归纳推理的归纳程度，科学归纳推理的可靠程度高于简单枚举归纳推理。

六 邹忌讽齐王纳谏——类比推理触类旁通

春秋战国时期，齐国有一个叫邹忌的谋士。他的身高有八尺多，容貌美丽。有一天早晨，他照镜子穿戴衣帽的时候，问妻子说："我与城北徐公相比，谁更美？"妻子说："您美极了，徐公哪里能比得上您呢？”邹忌不相信自己会比徐公美，于是又问他的妾同样的问题，结果得到的是一样的答案。

第二天，有一位客人来拜访，于是邹忌又问客人同样的问题，客人也说他比徐公美。翌日，邹忌见到了徐公，仔细端详后，发现自己远不如徐公美。晚上，邹忌躺在床上想这件事，明白了妻子、妾和客人说他比徐公美的道理：“我的妻子认为我美的原因，是偏爱我；我的妾认为我美的原因，是惧怕我；而客人认为我美的原因，是有求于我。”

因此，邹忌上朝拜见齐威王，说：“我确实不如徐公美。可是因为我的妻子偏爱我，我的妾惧怕我，我的客人有求于我，所以他们都说我比徐公美。如今的齐国，土地方圆千里，城池有一百二十座。宫中的妃子、侍从，没有不偏爱大王的；朝中的大臣，没有不惧怕大王的；国内的百姓，没有不对大王有所求的。由此看来，大王受到的蒙蔽一定很深了！”

齐威王听了，说：“好！”于是就下了一道命令：“官吏、百姓能当面批评我过错的，得上等奖赏；能上书劝谏我的，得中等奖赏；能在公共场所指责议论我的过失，并且传到我耳朵里的，得下等奖赏。”政令下达以后，齐威王发现并消除了许多弊端，取得了良好的效果，齐国的国力日渐强盛。燕、赵、韩、魏等国听说了这件事，都到齐国来朝见齐王。

在这个故事中，邹忌为了向齐王进谏，利用了类比推理的方法。他结合自身的经历，由妻子、妾、客人对待他与徐公比美的态度，类比齐王的妃嫔、侍从、大臣、百姓对待其治国的态度，指出齐王已经受到严重的蒙蔽。最后，齐王欣然纳谏，并取得了良好的效果。

类比推理，是指根据两个或者两类对象在若干属性上的相同或相似，推出它们在其他属性上也具有相同或相似的推理方法，即从个别推出个别，或者从一般推出一般的推理。类比推理的一般形式为：

A 类对象具有属性 a、b、c、d。
B 类对象具有属性 a、b、c。
B 类对象也具有属性 d。

类比推理分为正类比推理和负类比推理。其中，正类比推理是指根据两个或者两类对象在一系列属性上的相同或相似，又已知其中一个或者一类对象某种属性，从而推出另一个或者另一类对象也具有该属性的推理。例如：

奥地利一家医院有一位主治医生叫约瑟夫·奥安勃鲁格。他在一次临床手术中，需要判断患者胸腔内的积液情况，但是一直没有良好的解决方法。他苦思冥想，回忆起童年时代，经营酒业的父亲经常带他到地窖察看密封酒桶里还有多少酒。父亲只需要用手指敲打酒桶，就能凭借其发出的声音判断桶内酒量的多少。

奥安勃鲁格想：人体的胸腔和密封的酒桶是相似的，是不是也可以用手指叩击，凭借发出声音的不同判断胸腔内有无积液？于是他立刻将这个想法付诸实验。经过不断摸索，他终于发明了叩诊法。

负类比推理，是指根据两个或者两类对象都不具有某些属性，又已知其中一个或者一类对象不具有某种属性，从而推出另一个或者另一类对象也不具有该属性的推理。例如：

> 三国时期，吴国人张举任句章县县官时，有一妇人杀死了丈夫，然后放火烧毁了自家房屋，谎称丈夫是被大火烧死的。夫家人对此心存怀疑，所以将妇人告到张举那里。但是，妇人一直不承认自己的罪行。于是张举找来两头猪，一头当场杀死，另一头捆绑起来，然后同时用柴火焚烧这两头猪。结果发现：活活烧死的猪口里有灰，杀死再烧的猪口里无灰。最后，检验妇人丈夫的尸体，发现他口里果然没有灰，便断定妇人丈夫是先被人杀死再焚尸。见此，妇人只好俯首认罪。

要想提高类比推理的可靠程度，必须注意以下几点。

第一，前提提供的相同属性或者相似属性越多，结论的可靠程度就越高。因为，前提提供的相同属性或者相似属性越多，说明它们的类别越接近。这样，类推属性就有很大可能为两者共有。

第二，前提提供的相同属性或者相似属性，与类推属性越接近，结论的可靠程度就越高。因为，在前提提供的相同属性或者相似属性与类推属性具有本质上的联系情况下，得到的属性有较大可能是它们的相似属性。否则，仅仅根据对象间的表面相同或者相似轻易做出判断，就会犯“机械类比”的错误。

第五章

进行有效的逻辑论证

逻辑思考的语言就是论证，而要做到有效论证，必须保证论题明确、论据充足和论证方式恰当。如果三者中有一个出现纰漏，那么整个论证都是不成立的。而反驳是确定另一判断虚假或者某一论证不能成立，从根本上说是论证的一种。

一　催眠的原因——如何论证

在法国著名喜剧作家莫里哀的作品《无病呻吟》中，有这样一个场景。

医学学士阿尔冈申请参加全国医学会，于是与会的医学博士对他进行了面试。

博士："学识渊博的学士，您好。我们想问您，鸦片可以引人入睡是什么原因和道理？"

阿尔冈："高明的博士，你们好。我的答案是由于它本身有催眠的力量，自然它会使知觉麻痹。"

全体博士："那么，它为什么有催眠的力量呢？"

阿尔冈："因为它能催眠。"

全体博士："好，好，好，回答得真好。够资格，够资格，欢迎踏进我们医学会的大门。"

在这个故事中，阿尔冈的回答是一个典型的循环论证。鸦片之所以能催眠，是因为它有催眠的力量；鸦片之所以有催眠的力量，是因为它能催眠。他看似回答了问题，实际上这个答案毫无用处，只是窃取了论题中的本来意思，并无独立于论题的其他含义，因此不能作为有效的论证。

（一）论题、论据和论证方式

论证，是指依据已知为真的判断，确定另一判断真实性的思维过程。例如：

> 人只不过是一根苇草，是自然界最脆弱的东西；但人是一根能思想的苇草。用不着整个宇宙都拿起武器来才能毁灭，一口气、一滴水就足以致他死命了。然而，纵使宇宙毁灭了他，人仍然要比致他于死命的东西高贵得多。因为他知道自己要死亡，以及宇宙对他所具有的优势，而宇宙对此却是一无所知。

论证包括论题、论据和论证方式三个要素。

论题是指真实性有待证明的判断，也叫“论点”，用来回答“论证什么”的问题。上述例子中，“人是一根能思想的苇草”便是整段话的论题。

论据是指用以确定论题真实性的判断，用来回答“用什么证明”的问题。论据一般分为讲道理和摆事实两类。上述例子中，“用不着整个宇宙都拿起武器来才能毁灭，一口气、一滴水就足以致他死命了。然而，纵使宇宙毁灭了他，人仍然要比致他于死命的东西高贵得多。因为他知道自己要死亡，以及宇宙对他所具有的优势，而宇宙对此却是一无所知”便是整段话的论据。

论证方式是指论题与论据之间的联系方式。上述例子便是一个连锁式演绎推理，用来回答“如何用论据来论证论题”的问题。

（二）直接论证与间接论证

根据论证方法的不同，可以将论证分为直接论证和间接论证。直接论证，是指从正面寻找理论论据或事实论据，而直接推出论题的论证方式。例如，在鲁迅的《中国人失掉自信力了吗？》一文中，是这样论证的。

> 我们从古以来，就有埋头苦干的人，有拼命硬干的人，有为民请命的人，有舍身求法的人……虽是等于为帝王将相作家谱的所谓“正史”，也往往掩不住他们的光耀，这就是中国的脊梁。这一类的人们，就是现在也何尝少呢？他们有确信，不自欺；他们在前仆后继的战斗，不过一面总在被摧残，被抹杀，消灭于黑暗中，不能为大家所知道罢了。说中国人失掉了自信力，用以指一部分人则可，倘若加于全体，那简直是诬蔑。

间接论证，是指通过论证与原论题相关的其他论题为假，间接推出论题的论证方式。间接论证又可以分为反证法和选言法。

反证法，是指先确定与原论题相矛盾的论题为假，再根据排中律，从而推出原论题为真的间接论证方法。例如：

> 王戎七岁时，和小伙伴一起在路边玩耍，发现路边有株李子树上结了很多李子。小伙伴都争先恐后地跑去摘李子，只有王戎站在一边没有动，于是大家问他为什么不去摘李子。
>
> 王戎回答说：“这李子一定是苦的。你们想，这株树长

在路边上，来往那么多人，如果李子不苦的话，早就被人摘完了。而现在这株树上还有这么多李子，所以这李子一定是苦的。”最后大家一尝，李子果然是苦的。

选言法，是指首先确定与原论题相关的其他可能都不成立，从而推测原论题为真的间接论证方法。例如：

某家失窃，主人大惊，立即报了案。警察来到现场，仔细查看了一番，便断定小偷是从烟囱进来的。因为，小偷或从门进来，或从窗户进来，或从烟囱进来，或预先藏在屋里。但是，他既不是从门进来，又不是从窗户进来，也没有预先藏在屋里。所以，他是从烟囱进来的。

要想增强论证的力量，必须遵守以下规则。

第一，论题必须清楚明确。论题要表达的内容必须清楚明确，不能含糊，更不能有歧义。如果违反这一规则，就会犯“论题含糊”的逻辑错误。

第二，论题必须保持同一。论证只能始终围绕同一论题展开，前后必须一致，在论证过程中不能转移和偷换论题，也就是遵守同一律的要求。如果违反这一规则，就会犯“转移论题”或者“偷换论题”的错误。

第三，论据必须是已经确定为真的判断。论证的目的就是由真实的论据推出真实的论题。要想论题成立，必须使用真实的论据。其中的论据真实性必须是已经得到证明的，否则论题就会没有说服力。如果违反这一规则，就会犯“论据虚假”或者“预期理由”的错误。

第四，论据的真实性不能依赖于论题。论据的真实性不能由论题证明，如果论据的真实性需要论题证明，两者便互为论题和论据，其论题与论据的真实性都得不到证明。如果违反这一规则，就会犯“循环论证”的错误。

第五，从论据应当能推出论题。论证的方式，是论题与论据必须有推断关系。只有在论题与论据之间存在逻辑联系的情况下，论据才能推出论题。如果违反这一规则，就会犯“推不出来”的错误。而常见“推不出来”的错误有“论题与论据不相干”“论据不足”“以相对为绝对”“以人为据”等类型。

二 牛的血统——怎样反驳

> 加拿大外交官切斯特·朗宁出生在中国。后来，他回国竞选省议员的时候遭到反对派的攻击，说他吃过中国奶妈的奶，所以具有中国人的血统。这时，朗宁回应道：“你们都喝过牛奶，那么你们是不是具有牛的血统？”

在这个故事中，朗宁在反驳对方的观点时，运用的是归谬的方法，即假设对方的观点是正确的，再根据对方的逻辑推出喝牛奶就具有牛的血统的结论，说明对方的观点从根本上是错误的。

（一）反驳与论证

反驳，是指依据已知为真实的判断，确立另一判断虚假或者某一论证不能成立的思维过程。

反驳是一种特殊的论证。反驳与论证的联系为：反驳是用一个论证推翻另一个论证。当反驳某个判断时，论证与其相矛盾的判断为真即可。在反驳中，既要论证对方的观点不成立，又要论证自身的观点成立。反驳与论证之间的区别为：论证主要在于确定某个论题的正确，具有宣传或阐释作用；而反驳主要在于确定某个论题的虚假，具有驳斥谬误与捍卫真理的作用。

根据反驳对象的不同，可以将反驳分为反驳论题、反驳论据和反驳论证方式三种。反驳论题是指确定对方的论题虚假；反驳论据是指确定对方的论据虚假，即当对方论据错误时，其论题必然错误；反驳论证方式是指确定对方论证方式不成立，从而无法由论据推出论题，其论题也是错误的。例如，在《庄子·秋水》中有这样一段对话：

庄子和惠子在濠水的桥上游玩。庄子看到水里的白鲦鱼游来游去，便说："鱼游得多么悠闲自在，这就是鱼儿的快乐。"

惠子道："你不是鱼，怎么知道鱼的快乐？"

庄子说："你不是我，怎么知道我不知道鱼儿的快乐？"

惠子说："我不是你，固然不知道你的想法；但是，你也不是鱼，所以可以完全肯定你不能知道鱼的快乐。"

庄子说："还是让我们顺着原先的话来说。你刚才说的'你怎么知道鱼的快乐'，就是已经知道了我知道鱼儿的快乐而问我，而我则是在濠水的桥上知道鱼儿是快乐的。"

在这个故事中，庄子一直在论证鱼儿的快乐，而惠子则对其进行反驳。惠子反驳的论题是"鱼游得多么悠闲自在，这就是鱼儿的快乐”，反驳的论据是“你不是鱼，怎么知道鱼的快乐？”。接着，庄子继续论证道：“你不是我，怎么知道我不知道鱼儿的快乐？”惠子又引用庄子的论据反驳道：“我不是你，固然不知道你的想法；但是，你也不是鱼，所以可以完全肯定你不能知道鱼的快乐。”最后，庄子巧妙利用“你刚才说的‘你怎么知道鱼的快乐’”的歧义性，即意味着惠子已经承认了庄子知道鱼儿的快乐。于是庄子在这场辩论中占据了上风。

（二）直接反驳、间接反驳和归谬法

根据反驳的过程和结果，可以将反驳分为直接反驳、间接反驳和归谬法三种。其中，直接反驳是指用已知的真实判断直接推出某论题虚假的方法。例如：

有人说：“所有的哺乳动物都是胎生的。”但是有人反驳道：“针鼹、鸭嘴兽等是哺乳动物，但它们不是胎生的，而是卵生的。”这个反驳就是利用直接反驳法，提出几个反例直接证明对方的观点是错误的。

间接反驳是论证与被反驳的论题相矛盾或相反的论题是正确的，进而确定被反驳的论题是错误的、虚假的一种论证方法。例如：

证明 0 不可以做除数，就可以利用间接反驳，即假设 0 可以做除数，由于 $1\times0=2\times0$，等式两边同时除以 0，则得出 $1=2$ 的错误结果。所以，证明 0 不可以做除数。

归谬法是指首先假设被反驳的论题为真，其次根据这个假设推出一个荒谬的结论，最后利用充分条件假言推理“否定后件就要否定前件”的规则确定被反驳论题为假的方法。例如：

> 英国作家萧伯纳是个瘦子。有一天，他在街上遇到一个有钱的胖资本家。这个资本家打量了萧伯纳一番，讥笑道：“萧伯纳先生，看到您这副模样，我才知道世界还存在闹饥荒的现象。”
>
> 萧伯纳听了，笑着回答道：“这位先生，看到您这副模样，大家一下子就明白了，这苦难的根源原来在你们身上。”

这个故事中，萧伯纳就是利用归谬法进行反驳。他并没有直接指出对方的错误，而是假设有钱胖资本家的说法为真，从而得出存在饥荒的根源在对方身上。

第六章

合理思考要遵循的逻辑规律

合理思考的前提是必须符合逻辑的基本规律，而逻辑的基本规律包括同一律、矛盾律和排中律。同一律要求在同一思维过程中，一切思想与其自身保持同一；矛盾律要求在同一思维过程中，两个互相矛盾或者相反的思想，不能同时为真；排中律要求在同一思维过程中，两个互相矛盾的思想不能同假，必有一真。

一　欧底姆斯与青年——同一律

柏拉图的《欧底姆斯篇》中有这样一个故事：

一个青年去智者欧底姆斯那里请教。欧底姆斯为了显示自己的本领和威严，决定在初次见面时给这个青年一些教训。因此，一上来他就提出了这样一个问题："你学习的是已经知道的东西，还是不知道的东西？"

这个青年回答说："我学习的当然是不知道的东西。"于是，欧底姆斯就向这个青年提出了一连串的问题：

"你认识字母？"

"认识。"

"所有的字母都认识吗？"

"是的。"

"那老师教你的时候，不正是教你认识字母吗？"

"是的。"

"如果你认识字母，那么老师教你的不就是你已经知道的东西了吗？"

"是的。"

"那么，或者你并不是在学习，只是那些不认识字母的人在学习吧？"

"不是的，我也在学习。"

“那么，如果你认识字母，你就是在学习你已经知道的东西了。”

“是的。”

“那么，你最初的回答就不对了。”

就是这样，这个青年被欧底姆斯弄得头昏脑涨，最后承认自己的错误，而甘心拜欧底姆斯为师。

在这个故事中，欧底姆斯使用诡辩的方法，违反了逻辑基本规律的同一律，属于偷换概念的错误，即欧底姆斯将“老师教你的时候”的时间概念进行偷换，当提出“那老师教你的时候，不正是教你认识字母吗？”问题时，这里的“老师教你的时候”指“过去”，而当提出“如果你认识字母，那么老师教你的不就是你已经知道的东西了吗？”问题时，这里的“老师教你的时候”指“现在”或者“未来”。总的来说，欧底姆斯是在玩弄词语，混淆概念。

同一律在于保证思维的确定性。在同一思维过程中，每个思想都要有确定性和一致性，不能含混不清、变换转移。同一律的基本内容是：在同一思维过程中，一切思想与其自身保持同一。同一律的公式为：A 是 A。其中，A 指任一概念、命题、判断和思维，表示在同一思维过程中，每个观念、命题、判断和思维都与其自身保持同一。

同一律的逻辑要求有以下几点。

第一，在同一思维过程中，必须保持概念自身的同一。所谓“保持概念自身的同一”，是指概念的内涵必须保持不变。如果违反这个要求就会犯“混淆概念”或者“偷换概念”的逻辑错误。

例如，麦加拉学派曾提出这样一个怪论：“这是一只狗，它是一个父亲，它是你的，所以，它是你的父亲。你打它就是打自己的父亲。”这个“狗父论”之所以会遭到批判，是因为诡辩者违反了同一律，对概念进行了偷换，把一只作为父亲的狗，偷换概念为对方的父亲。

第二，在同一思维过程中，必须保持论题自身的同一。所谓“保持论题自身的同一”，是指就论题本身进行讨论，不能跑题、离题、偏题。如果违反这个要求就会犯“转移论题”或者“偷换论题”的逻辑错误。

例如，1860 年，查理·达尔文的《物种起源》问世一年后，在牛津召开的英国科学促进会年会上，与会的各界人士就这一革命的理论展开了激烈争论。英国动物学家托马斯·亨利·赫胥黎站在达尔文一边，于是牛津的主教塞穆尔·威尔伯福斯指着赫胥黎说：“赫胥黎先生，你相信人类的祖先是猴子，那么请问，你是从猴子变成的你的祖父、祖母那里来的吗？”赫胥黎镇静地回答说：“一个人没有理由为他的祖先是个无尾猿而感到羞耻。真正令他感到羞耻的是，他的祖先不是利用他的聪明才智在自己的领域获得成功，而是利用他口若悬河的言辞、偷梁换柱的雄辩和求助于宗教偏见的娴熟技巧分散听众的注意力，干涉他自己不懂的科学问题。”

在这里，主教使用偷换论题的手法进行诡辩，把“物种进化”的正确论题，偷换成“物种转化”的错误论题。

二　万能溶液——矛盾律

一个年轻人喜欢发明创造，他很希望能到大发明家爱迪生的实验室里工作。一天，他去求见爱迪生。爱迪生接见了他，并问他对科学发明有什么想法。这个年轻人满怀信心地说："我想发明一种万能溶液，它可以溶解一切物品，以后就不会有垃圾的堆积了。"

爱迪生听罢，惊奇地问："那么你想用什么器皿放置这种溶液呢，它不是可以溶解一切物品吗？"年轻人立刻哑口无言了。

在这个故事中，这个年轻人之所以被爱迪生问得哑口无言，是因为他提出的"我想发明一种万能溶液，它可以溶解一切物品"的想法，违反了矛盾律。既然万能溶液可以溶解一切物品，那么就没有任何器皿可以放置它，所以万能溶液无法存在。

矛盾律的基本内容是：在同一思维过程中，两个互相矛盾或者相反的思想，不能同时为真。矛盾律的公式为：A 不是非 A。其中，A 指任一概念、命题、判断、思想，表示互相矛盾的命题必有一假，也可以同时为假。

矛盾律的逻辑要求为：在同一思维过程中，两个相互矛盾或相反的思想不能同时肯定，其中必有一假，即在同一思维过程中，不能容许自相矛盾的思想同时存在，也就是不能容许自身与其否定的思想同时存在。如果违反这个要求，就会犯“自相矛盾”的逻辑错误。

在《韩非子·难势》中有一则寓言。从前，有一个楚国人，他既卖盾又卖矛。他夸耀自己的盾，说：“我的盾坚固无比，任何锋利的东西都穿不透它。”接着，又夸耀自己的矛：“我的矛锋利无比，任何坚固的东西都能刺穿。”这时有人问他：“如果用你的矛刺你的盾，结果会怎样呢？”那个卖矛和盾的人张口结舌，一句话也答不上来。这就是成语“自相矛盾”的由来。

自相矛盾的观点又叫“悖论”。悖论，是指一个判断为真，可推出它是假的；一个判断为假，可推出它是真的。历史上著名的悖论有以下几例。

公元前 6 世纪，古希腊克里特岛人埃庇米尼得斯说了一句很有名的话：“所有的克里特岛人都说谎。”那么，这句话究竟是真的还是假的？如果埃庇米尼得斯的这句话是真的，则由于他是克里特岛人，他也说谎，因此“所有的克里特岛人都说谎”这句话是假的；如果这句话是假的，则有的克里特岛人不说谎，他也可能是不说谎的克里特岛人，因此“所有的克里特岛人都说谎”这句话可能是真的。这也叫作“说谎者悖论”。

罗素是英国著名的哲学家和逻辑学家，他在 1908 年提出了“理发师悖论”。萨维尔村某位理发师给自己定了一条规矩：“我给并且只给那些不给自己刮胡子的人刮胡子。”那么根据这条规矩，理发师给不给自己刮胡子？如果理发师给自己刮胡子，他就是一个“给自己刮胡子的人”，按照规矩，他不能给自己刮胡子；如果“他不给自己刮胡子”，按照规矩，他就必须给自己刮胡子。

古希腊的斯葛多派提出了“鳄鱼悖论”，即一条鳄鱼从一位母亲手里抢走了一个小孩，它对小孩的母亲说：“你猜我会不会吃掉你的小孩？如果你答对了，孩子就还给你；如果你答错了，我就吃了他。”这位母亲仔细考虑了片刻答道：“我猜你要吃掉我的孩子。”结果无论怎样，鳄鱼都无法履行约定。因为，如果这位母亲猜对了，那么按照约定，鳄鱼应该交还孩子；但这样一来，母亲就猜错了，按照约定，鳄鱼应该吃掉孩子。如果这位母亲猜错了，那么按照约定，鳄鱼应该吃掉孩子；但这样一来，母亲就猜对了，按照约定，鳄鱼应该交还孩子。

公元前 4 世纪，芝诺提出四个运动不可能的论证，史称“芝诺悖论”：①阿基里斯追不上乌龟；②二分法悖论；③飞矢不动；④一倍的时间等于一半。其中，“阿基里斯追不上乌龟”是最著名的一个，即奥林匹克阿基里斯与乌龟赛跑，乌龟提前爬行了一段距离，而阿基里斯在追上乌龟之前，必须到达乌龟原来的位置。在这段时间，乌龟又向前爬行了一段距离。阿基里斯又要追上这段距离，而乌龟在此期间又向前爬行了一段距离。如此继续下去，阿基里斯永远追不上乌龟。

文艺复兴时期，人文主义者针对天主教的“上帝是万能的”观点，提出“上帝万能悖论”，即“如果说上帝是万能的，那么他能否创造出一块他举不起来的石头？”。如果天主教回答说能，那么上帝不能举起他创造的那块石头，所以上帝在力量方面不是万能的；如果天主教回答说不能，那么上帝不能创造出一块他举不起来的石头，所以上帝在创造力方面不是万能的。总而言之，“上帝是万能的”这个观点是错误的。

三 鲍西娅的匣子——排中律

莎士比亚的作品《威尼斯商人》中有这样一个情节：

富家少女鲍西娅，不仅年轻貌美，而且聪慧机敏。许多官宦子弟纷纷前来向她求婚。而她的父亲在临终前留下的遗嘱中规定要“猜匣为婚”。于是，她便让前来求婚者“猜匣”。

她的父亲给她留下三只匣子：金匣子、银匣子和铅匣子。这三只匣子上分别刻着三句话。金匣子上刻的是：“肖像不在此匣中。”银匣子上刻的是：“肖像在金匣中。”铅匣子上刻的是：“肖像不在此匣中。”这三句话中只有一句是真话。

而在这三只匣子中，只有一只匣子里放着一张鲍西娅的肖像。根据鲍西娅父亲的遗嘱，如果有求婚者能通过这三句话猜中肖像放在哪只匣子里，她就嫁给他。

许多求婚者慕名而来，但是全都猜错了。后来，一位聪明、英俊的威尼斯商人——巴萨尼奥也前来求婚。他思索片刻，便道：“肖像在铅匣子中。”结果打开一看，果然如此。

鲍西娅好奇地问：“你是怎么猜中的？”巴萨尼奥微笑着说：“金匣子上刻的话与银匣子上刻的话是相互矛盾的，那么这两句话必有一句是真话，而另一句是假话。又知道这三句话中只有一句是真话，说明铅匣子上刻的‘肖像不在此匣中’必是假话。所以，肖像一定在铅匣子中。”

在这个故事中，巴萨尼奥之所以能猜中，是因为他使用了排中律，即金匣子上刻的话与银匣子上刻的话是相互矛盾的，那么这两句话不能同假，必有一句是真话。而又知道这三句话中只有一句是真话，可以推出铅匣子上刻的必是假话，从而得知肖像一定在铅匣子中。

排中律的基本内容是：在同一思维过程中，两个互相矛盾的思想不能同假，必有一真。排中律的公式为：A 或者非 A。其中，“A”指任一概念、命题、判断，表示两个相互矛盾的思想，不能同时否定，其中必有一个为真。

排中律的逻辑要求为：对于两个相互矛盾的思想不能都否定，必须肯定其中一个。如果违反这个要求，就会犯“两不可”的逻辑错误。排中律要求我们在一些问题面前态度鲜明，不能模棱两可。但是，现实生活中，很多人不愿表达自己的观点，故意违反排中律的要求，回避问题、含混不清，以到达明哲保身的目的。

鲁迅在杂文《立论》中写道：

我梦见自己正在小学校的讲堂上预备作文，向老师请教立论的方法。

“难！”老师从眼镜圈外斜射出眼光来，看着我，说：“我告诉你一件事——

“一家人家生了一个男孩，合家高兴透顶了。满月的时候，抱出来给客人看，大概自然是想得一点好兆头。

“一个说：‘这孩子将来要发财的。’他于是得到一番感谢。

“一个说：‘这孩子将来要做官的。’他于是收回几句恭维。

“一个说：‘这孩子将来是要死的。’他于是得到一顿大家合力的痛打。

“说要死的必然，说富贵的说谎。但说谎的得好报，说必然的遭打。你……”

“我愿意既不说谎，也不遭打。那么，老师，我得怎么说呢？”

“那么，你得说：‘啊呀！这孩子呵！您瞧！多么……阿唷！哈哈！ Hehe！ He，he he he he！’”

在这篇文章中，阿谀谄媚之人说谎道，“这孩子将来要发财的”“这孩子将来要做官的”，结果被人感谢和恭维；而直言不讳之人道，“这孩子将来是要死的”，结果被人一顿痛打。如果既不愿说谎，也不愿遭打，就只能含糊其词、逃避问题，采取“哈哈主义”。其实，“哈哈主义”是不敢面对的懦弱处世态度，是封建社会下形成的国民“劣根性”。从逻辑学上讲，“哈哈主义”违反了排中律的要求。

排中律与矛盾律既有联系又有区别。它们之间的联系为：都要求思想具有明确性。它们之间的区别为：第一，矛盾律适用于矛盾和反对思想，而排中律只适用于矛盾思想；第二，矛盾律要求两种相互否定的思想不能同时都肯定，必须否定其中之一，而排中律要求不能同时都否定，必须肯定其中之一；第三，违反矛盾律犯的逻辑错误是“自相矛盾”，而违反排中律犯的逻辑错误是“两不可”。

第七章

避免出现的逻辑错误形式

违反逻辑的现象层出不穷，通常情况下，将违反逻辑规律发生的逻辑错误叫作“谬误”。谬误存在于各种语言交际活动中，根据成因可分为形式谬误和非形式谬误。形式谬误在前面几章已经有过论述，本章我们只讨论非形式谬误。非形式谬误又可划分为语言歧义型谬误、心理相关型谬误和论据不足型谬误。

一 如此审问——语言歧义型谬误

古时候，一家大户人家的夫人丢失了一对昂贵的耳环，于是她将此事告到了县官那里。县官调查一番觉得伺候夫人的丫鬟最有嫌疑，便将她带到公堂上，问道："你将偷来的耳环藏到哪儿去了？"丫鬟心惊胆战地回答道："我没有藏。"县官道："没有藏，说明还在身上。"说完便命人对丫鬟进行搜身，但是什么都没有找到。县官大怒："竟敢欺骗本官，来人，将她重打三十大板。"最后强行逼供，使丫鬟承认偷了耳环。没过多久，大户人家的夫人在梳妆台下的角落里找到了丢失的耳环。

在这个故事中，县官的审问"你将偷来的耳环藏到哪儿去了？"便是一个复杂问句，其中预设丫鬟偷了耳环，而这种复杂问句的审问方法很容易造成冤假错案。

在交际中，说话者有意无意混淆语义就会产生语言歧义型谬误。语言歧义型谬误会影响正常表达思想、体现态度、交流思想等功能，可分为语词歧义、构型歧义、错置重音、合成谬误、分解谬误、稻草人谬误、复杂问句谬误等形式。

语词歧义，是指语言使用者有意或无意地错误使用语词致使语义混淆。例如，"鲁迅的书"这句话有歧义，既可以指鲁迅写的书，也可以指鲁迅的藏书；“小李走了两个小时”这句话有歧义，既可以指小李离开了两个小时，也可以指小李行走了两个小时；“咬死了猎人的狗”这句话有歧义，既可以指把猎人咬死的狗，也可以指猎人的狗被咬死了。

构型歧义，是指在语句中语法结构不确定造成语序不当、句式杂糅、成分残缺、成分多余等错误。例如，“在认识和改造客观世界时，应发挥主观能动性充分的作用”，属于语序不当的错误，“充分”应该放在“发挥”之前；“这本署名为小明所编著的书”，属于句式杂糅的错误，要么改为“这本书是小明编著的”，要么改为“这本书署名是小明”；“这部小说中，刻画了一个典型的知识分子形象”，属于成分残缺的错误，删去“中”。

错置重音，是指对于一个句子，由于有意强调某些部分，而使其具有不同的意义。例如，“我去过北京”这句话，重读“我”时，着重回答谁去过北京；重读“去过”时，着重回答去没去过北京；重读“北京”时，着重回答去过什么地方。

合成谬误，是指将整体中部分的性质错误推断成该整体的性质。例如，由某台计算机的每个零件都质量较好，推断出该计算机本身的质量也较好；由部门的每个员工都比较优秀，推断出该部门整体一定优秀。

分解谬误，是指由整体的性质错误推断出每个部分也具有某种性质。例如，由机器体积庞大，推断出该机器的每个零件都很大；由部门整体比较优秀，推断出该部门每个员工都比较优秀。

稻草人谬误，是指在辩论中先歪曲对方的观点，从而使自身的观点更具合理性。这就像绑扎一个稻草人代表对方，然后用攻击稻草人的方法攻击对方的观点。例如：

有人说："我认为小孩子不应该在大街上乱跑。"有人反驳道："你太残忍了，竟然要把他们关起来，不让他们与大自然接触。"

有人说："我觉得国家应该增加教育经费发展教育行业。"有人反驳道："你不爱国，居然要减少国防经费，让别的国家有机可乘。"

以上两个例子都是反驳者攻击对方未提出的观点，只是树立一个稻草人，与真正的观点并无关系。

复杂问句谬误，是指把两个以上的问题合并为一个问题，诱导对方做出一个简单问题回答的谬误。例如，"你还打你老婆吗？"这个复杂问句暗含一个不当的预设，即"你曾经打过自己的老婆"。当诡辩者设计这样的复杂问句时，往往将不当的假设预先作为已经回答的问题。如果直接回答"是"，就说明"曾经打过老婆"；如果直接回答"否"，就说明"曾经打过老婆，现在还在打老婆"。总之，无论怎样回答都会掉入对方的语言陷阱。而正确识破对方诡计的方法是将复杂问句转换为不同的简单问句，针对"你还打你老婆吗？"这个复杂问句，可以回答为"我从来不打老婆"，这样就巧妙化解了对方的刁难。

二　臭蛋风波——心理相关型谬误

在《谁在抽象地思维》一文中，黑格尔举了一个例子：

> 一个女顾客对一个女商贩说：“喂，老太婆，你卖的蛋是臭的呀！”这位女商贩大为恼火，并大骂这位女顾客道：“什么？我的蛋是臭的吗？你自己才臭哩！你敢这样来说我的蛋吗？你？你爸爸吃了虱子，你妈妈跟法国人相好吧？你奶奶死在养老院里了吧？你该为你花里胡哨的围巾买件合适的衬衫啊！谁不知道，你所有的帽子和漂亮衣裳从哪儿搞来的。要是没有军官们，像你这样的人，是不会这样打扮出风头的！规规矩矩的女人多半是在家里照顾家务，而像你这样的女人，只配去坐牢！你最好还是补补袜子上的窟窿去吧！”

在这个故事中，这个女商贩一直在进行与论题无关的人格攻击，这属于诉诸人身的谬误，犯了逻辑的错误。

心理相关型谬误，是指论证者利用语言激发人们心理上的热情、怜悯、恐惧、仇恨等情感，从而诱导人们接受其观点。心理相关型谬误主要有诉诸人身、诉诸强力、诉诸权威、诉诸众人、诉诸无知、诉诸情感和诉诸传统等形式。

诉诸人身的谬误，是指论证问题时针对提出观点的人出身、处境、职业、品德等无关论题的方面进行保护或攻击。诉诸人身的谬误又分为人格人身保护、人格人身攻击、处境人身保护、处境人身攻击等形式。例如，“我用我的人格担保，我没有做这件事”，属于人格人身保护；“他曾经说过谎，品行败坏，他这次一定还是在欺骗你”，属于人格人身攻击；“他是个大学语文老师，所以，他说的话一定很有水平”，属于处境人身保护；“他是当官的，而且家里很有钱，所以他一定贪污受贿”，属于处境人身攻击。

诉诸强力的谬误，是指利用其强制力量威胁恫吓，迫使人们接受其观点。例如，古时候官员非常看重自己的政绩，于是每到考核的时候，上级官员就会要求下级官员：“若是你不能将治下的政绩搞好，你的乌纱帽就别要了。”又如，封建社会审理案件，常常靠强力屈打成招，酿成许多悲剧。

诉诸权威的谬误，是指在论证时利用权威人士或者权威机构取代论述。诉诸权威的谬误又分为诉诸他人权威和诉诸本人权威。例如，“我的老师是科学家，他认为这个观点是错误的”属于诉诸他人权威；“我是大学教授，难道不知道这个观点是错误的吗？”属于诉诸本人权威。

诉诸众人的谬误，是指论证时援引众人的意见、信念等，以支持自己的观点。例如，孔子有一个学生叫曾参，勤奋好学、孝顺父母。当时，有一个和曾参同名同姓的人杀了人。有人跑去对曾参的母亲说：“伯母！曾参杀人了！”曾母立即说：“不可能的！我的儿子很有德行，他不会杀人的！”过了一会儿，又有人跑去对曾参的母亲说：“伯母！曾参杀人了！”曾母没有说什么，继续织布。可是，当第三个、第四个人跑来对曾母说：“曾参杀人了！”这时，曾母开始相信曾参杀了人，并感到难过和害怕，立即放弃织布翻墙逃跑了。

诉诸无知的谬误，是指以某个论题不能被证明或者未被证明为根据，而断言这个论题为真或假。例如，“鬼神是存在的，因为没有人能证明没有鬼神”，属于尚未证明为假，所以为真；“哥德巴赫猜想是错误的，因为没有人能证明其正确性”，属于尚未证明为真，所以为假。

诉诸情感的谬误，是指利用他人的感情诱导人们相信其论题。诉诸情感可以分为诉诸怜悯、诉诸恐惧、诉诸仇恨、诉诸厌恶、诉诸谄媚、诉诸荒谬等形式。例如，小明看别人吃狗肉，他就大声喊道：“你们怎么能这么狠心，狗是多么的可爱，还是人类忠诚的朋友，你们忍心伤害朋友吗？”

诉诸传统的谬误，是指在论证时仅以一种与传统的关系为依据判断论题的真伪。例如，大多数老年人认为经常体检没有必要，因为他们的上一辈从未体检过也没有什么影响。

三 “洗澡问题”——论据不足型谬误

古希腊哲学家苏格拉底曾提出过一个“洗澡问题”：

有一天，学生问苏格拉底：“什么是诡辩？”

苏格拉底没有立即回答，而是反问道：“有一个干净的人和一个邋遢的人。他们同时去拜访某个人，这人烧了一大桶水请两人洗澡。你说，洗澡的会是哪个？”学生立即回答道：“那个邋遢的人。”

“不对，洗澡的是那个干净的人，而那个邋遢的人之所以邋遢是因为不喜欢洗澡。”学生想了想，说：“按照这样，洗澡的确实是那个干净的人。”

但是，苏格拉底摇头道：“还是不对，洗澡的是那个邋遢的人，因为他需要洗澡。”

学生彻底糊涂了，问老师究竟谁该洗澡。苏格拉底答道：“两个都洗了，爱干净的人喜欢干净，所以又洗了澡；而邋遢的人需要洗澡，所以也洗了澡。”

学生恍然大悟：“我明白了，原来他们都洗了澡。”苏格拉底叹了口气，道：“你又错了。两人都没洗澡，干净的人不需要洗澡，而邋遢的人不愿意洗澡。”

最后，这个学生愤怒道：“我在请教您什么是诡辩，而您却一直在和我说谁会洗澡。他们洗不洗澡与诡辩有什么关系呢？”

“你看，”苏格拉底微笑着说，“我不是已经告诉你诡辩是什么了吗？”

在这个故事中，苏格拉底提出的“洗澡问题”是强词夺理的谬误，是论据不足型谬误的一种，也叫“诡辩”，即有意识地为某种谬误进行论证，是在自觉地违反逻辑规律。所有的诡辩都属于谬误。

论据不足型谬误，是指由于缺乏充分的论据支撑，论题不成立的谬误。论据不足型谬误又分为因果谬误、特例的谬误、特例概括的谬误、平均数的谬误、赌徒的谬误和强词夺理的谬误等。

因果谬误，是指在因果关系中，错误认为某些相关条件和相互关系而导致的谬误。例如，家长经常指责孩子一天到晚玩电脑，难怪成绩一塌糊涂。

特例的谬误，是指未对一般原则应用的具体情况和范围进行考察就将其推广到特殊情况上，又叫“以全概偏的谬误”。例如，一般情况下，人们都认为“杀人偿命”，但正当防卫造成不法侵害人死亡不需要负法律责任。

特例概括的谬误，是指由缺乏典型性的特例不恰当引申为一般规律，又叫“以偏概全的谬误”。例如，古时候有个农民在田里耕作的时候，发现一只兔子撞死在树墩上，便捡回去饱餐了一顿。从此，他就不再耕作，一天到晚专门等着再次捡到撞死的兔子。

平均数的谬误，是指根据平均数假象引申出一般结论的谬误。事实上，平均数方法容易掩盖不平均。例如，某乡政府在汇报工作政绩时表示，本乡在国家政策和上级领导的支持下，实现年人均收入 5 万元。

赌徒的谬误，是指根据某一不如期望的结果经常出现，推断出不久之后它出现的概率将会减少的谬误。赌徒经常认为每赌输一次，下次赌赢的机会就会增加，但最后往往会倾家荡产。所以，将此种谬误称为“赌徒的谬误”。例如，如果一枚硬币已经连续掷了 10 次正面，那么下一次掷出来就一定是反面。其实这就是赌徒的谬误，因为每次掷硬币的结果都是独立的，过去的结果不会对未来的结果产生任何影响。

强词夺理的谬误，是指没有根据和理由的诡辩，又叫“狡辩的谬误”。例如：

鲁迅在《阿 Q 正传》中写阿 Q 到静修庵偷萝卜吃，被老尼姑发现。

“阿弥陀佛，阿 Q，你怎么跳进园里来偷萝卜！……阿呀，罪过呵，阿唷，阿弥陀佛！……”

“我什么时候跳进你的园里来偷萝卜？”阿 Q 且看且走的说。

“现在……这不是？”老尼姑指着他的衣兜。

“这是你的？你能叫得他答应你么？你……”

阿 Q 被老尼姑发现偷萝卜后一直在狡辩，他的回答就属于强词夺理的谬误。

第八章

提升逻辑思考力的渠道

逻辑思考力是人对事物的分析和理解能力。而事物总是在不断发展变化的，如果一个人的思维总处在一成不变的范式中，就很难对事物做出深刻的理解和判断，同时说明这个人的逻辑思考力很差。只有逻辑思考力强的人才能根据事物的变化不断变换自己的思维方式，准确把握其发展脉络。

一 积累知识，厚积薄发

即使是没有知识的人，也是有逻辑思考力的，但有知识的人的逻辑思考力通常比没有知识的人逻辑思考力更强，因此，逻辑思考力来自知识的积累和掌握。

知识是发展智力的基础，是思维的依据和源泉。如果没有充实的知识做基础，逻辑思考力就难以获得发展。人的一切思维活动都是在一定的知识基础上进行的，知识丰富的人能够在思维活动中产生想象，迅速解决思考的问题。同样，逻辑思考力是掌握知识的武器，逻辑思考力发展水平的高低直接影响对知识的掌握程度。逻辑思考力水平高的人可以通过自己的智力活动掌握更多知识，反过来又进一步提高了逻辑思考力。因此，逻辑思考力是在掌握和运用知识、技能的过程中得到发展的。

大物理学家牛顿之所以能根据树上掉下来一个苹果，思考出万有引力定律，是因为他已经掌握了大量物理学知识，并对客观事物仔细观察和认真思考。逻辑思考力强的人，往往能做出超越常人的分析、判断和结论，带给人耳目一新的感觉，其实这是因为他对生活积累之多和对客观事物的感知之快，一般人难以比拟。

逻辑思考力确有天赋的一面，但它必须建立在一定的专业基础上才能发挥更大的作用，单凭逻辑思考力，虽然偶尔能取得一点成绩，却往往只有小聪明而不具备大智慧。离开了专业训练和潜心研究，逻辑思考力可能毫无进展。一个不具备乐理基本知识的人，是无法领会交响乐宏大瑰丽的想象力的。

知识是使人聪明的基础、依据和源泉，一个人要想变得更聪明，就要有一个知识积累的过程，没有知识的积累和储存，就不可能产生从特殊到一般的抽象过程。我们认识了杨树、柳树、梨树、杏树、苹果树、橘子树、榆树、桦树等，最后才会总结出树的概念。如果没有知识的积累和储存，我们就不能正确认识事物的本质属性，也不能享受人生、体会生活。

良好的逻辑思考力可以以小见大，见微知著。比如，一个侦探可以根据房间里出现的一枚脚印，判断出此人的其他体貌特征；而古生物学家往往能根据一块骨化石，判定是什么时期的什么动物。

逻辑思考力来源于对信息的主动探究。这里的探究包含了两个必不可少的因素，一是对观察对象的感知；二是对信息感知的理解，即透过表面现象看本质。“见一落叶，而知秋临”“窥一斑而知全豹”，全在于理解。理解是以现象为素材，以已有的知识为工具，以分析、研究、归纳思考为手段，加深探究的程度，发现置于现象之后的事物的深层原因和意义。

逻辑思考力对一个人的成长有着至关重要的作用，无论做什么事都要有逻辑思考力，而逻辑思考力的高低因人而异，并且与人的受教育程度不成正比。但受教育程度可以从某些方面反映一个人逻辑思考力的高低。

逻辑思考力就是一个人获取信息并能把它转化为自身行为指导的一种能力。日常工作中，领导经常要求下属与其他部门、同事多沟通，而沟通过程就是对信息的积累，主动沟通就是主动积累。当领导交给你一项任务时，一听到做什么，你就了解这项任务的背景，不需要领导多言，你做出的计划方案非常符合领导的意图，领导就会认为你的逻辑思考力很强。

形成逻辑思考力还需要一个转化的过程，而这个过程的决定因素十分复杂。

比如，有时候洗澡会引发思维的自由联想，有些科学家在浴室里享受创造性思维来临带来的喜悦。阿基米德在洗澡时发现了浮力定律，想到了识破真假纯金皇冠的办法。

一个儿童商品生产商，偶然看见一个家长一手抱孩子，一手吃力地拿着一辆小三轮车。他猜想，这是因为孩子骑车骑累了要大人抱，才出现了这种情况。这位生产商想，如果设计出一种多用童车，家长就不用受这份累了。

生产商首先想象把坐式推车和三轮童车组合起来，在小三轮童车的后面加上一个推把。后来，他又想到加一个连接装置，把童车挂在自行车上当母子车用；再加上一个摇动部分，便可当安乐椅；若是前面再装一个把手，还能让孩子当木马骑。经过不断组合想象，生产商终于设计出了与众不同的“多用童车”。

英国有个叫吉姆的小职员，整天坐在办公室里抄写东西，常常累得腰酸背痛。他消除疲劳的最好办法，就是在工作之余去滑冰。冬季，吉姆很容易在室外找到滑冰的地方，但在其他季节，他就没有机会滑冰了。

怎样才能在其他季节也能像在冬季那样滑冰呢？对滑

冰情有独钟的吉姆一直在思考这个问题。想来想去，他想到了脚上穿的鞋和能滑行的轮子。吉姆在脑海里把这两样东西的形象组合在一起，想象出了一种“能滑行的鞋”。经过反复设计和试验，吉姆终于制成了四季都能用的“旱冰鞋”。

生活中到处隐藏着秘密，我们随时有发现秘密的机会，天天是发现之时，处处是发现之地。如果我们善于观察，小心地捕捉奇怪的现象，努力用理论去说明它，寻找该现象出现的原因，就能有所发现。

生活中的许多窍门都是从经验中得来的，经验越多窍门越多。比如，天热了，清凉的椰汁深受人们的欢迎。挑选时，将椰子晃一晃，若水声清脆，则椰汁多；若喜吃椰肉，则应选手感较重、摇起来较沉的椰子。又如，不小心把饭烧煳了，别着急，此法可轻松除去煳味：将 8~10 厘米长的葱洗净，插入饭中，盖严锅盖，片刻煳味即除。这些小窍门都来自生活经验。

因此，注重积累是丰富经验的有效途径。积累需要时间，有个成语就叫“日积月累”。积累是一个从无到有、从小到大、由少到多的发展过程。你要积累的东西起初可能是零星的，很不起眼，但千万不要小看它，因为万丈高楼是由一砖一瓦盖起来的。

许多积累是无形的，肉眼根本看不见，因为它只存储在人的头脑中。比如，经验，人的经验来自实践，丰富的经验是从反复的实践中积累起来的。生活中，一些人做事情很有窍门，这种窍门就是经验的反映和体现。一个人积累的经验越多就越成熟，就像一个人积累的知识越多就越聪明。

对于一个人来说，时刻离不开积累，一生都在积累。积累是一座桥，它会帮你跨过湍急的河流到达彼岸；积累是很不容易的，是很累人的事。积累是人生之旅的一个行囊，当你背着它上路时，它就开始检验你的毅力和耐力，而这个行囊也会装满收获，于是你便拥有了许多生活的乐趣和对人生的理解，因此，逻辑思考力的形成离不开知识积累，厚积薄发。

二　勤思多想，探究本质

孟子曰：“心之官则思，思则得之，不思则不得也。”逻辑思考力的开启会产生一系列的结果。比如，一种新思想的确立，一项重大发明的产生，一个最易通往成功路径的发现，等等。但逻辑思考力的开启不是面壁时的顿悟，而是来自一个人对事物的不断深入了解。

要想认清事物，首先要秉持怀疑的眼光。怀疑的本身就是思考的深入，不怀疑不能见真理。

当我们说“天下的乌鸦一般黑时”，绝大多数人不会有什么异议。“没错，打小爷爷就告诉我们啦。”“对呀，文学作品中也是这样描述的。”……事实果真如此吗？其实并不尽然，世界上有不少地方发现了白乌鸦。

我们之所以认为世界上没有白乌鸦，是因为“爷爷告诉的”“书本上写的”……这些旧观念在我们头脑中形成了一种思维定式。这种思维定式就是对旧观念深信不疑，一叶障目，忽视了客观世界的复杂奥妙，哪里还会发现白乌鸦呢？

因此，对旧观念产生怀疑，深入思考并跳出思维定式的框框，拓宽视野、创新思路，对我们掌握事物的本质将大有裨益。

人生活在这个复杂的世界上，总会遇到各种各样的问题，这些问题就像影子一样，无论如何都挥之不去，令人焦头烂额，烦躁不安。

怎样才能轻松自如地把这些问题解决掉呢？

方法有很多种，这里重点介绍四种。

第一种，将不能办到的问题转化为可以办到的问题。

西汉时，孙宝担任京兆尹。

有一次，一个乡下农民进城，在慌乱中不小心碰翻了一个卖油炸馓子的摊儿，馓子掉在地上，摔了个粉碎。地上有多少个馓子，已没办法数清。

农民认赔 50 个馓子的钱，可卖馓子的坚决不干，说他的馓子有 300 个左右，赔 50 个，没门儿！

二人争得面红耳赤，但毫无结果。

围观看热闹的人很多，却想不出一个解决纠纷的办法。

孙宝正好经过这里，大家便请他来处理。

孙宝叫手下人买来一个馓子，并称了重量，然后又叫手下人把地上的碎馓子都收起来，称出重量。他用这些碎馓子的总重量除以一个馓子的重量，得出了馓子的个数，最后他叫农民按这个数量把钱赔给小贩。

孙宝对这件事的处理，众人无不称赞，卖馓子的小贩也佩服得五体投地。

孙宝利用的就是将不可能解决的“馓子个数”问题，转换成了“称馓子重量”这个可以解决的问题，使纠纷圆满解决。

第二种，将复杂的问题转换成简单的问题。

有一次，大发明家爱迪生叫助手阿普顿测量一个电灯泡的容积。

阿普顿是美国一所大学数学系的毕业生，他对着灯泡量了又算，算了又量。一个多小时过去了，这位大学生满头是汗，仍“只算好了一半”。

爱迪生对他说：“你往灯泡里注满水，然后把水倒进量杯，不就可以测出灯泡的容积了吗？”

阿普顿顿时恍然大悟，测量出了灯泡的容积。

爱迪生将复杂的“测量灯泡容积”问题，转换成“看量杯刻度”这样一个简单的问题，使问题轻而易举地得到解决。

第三种，把自己生疏的问题转换成熟悉的问题。

19世纪末，法国园艺家莫尼哀想设计制作一种坚固的花坛。

可是对于如何设计制作花坛，莫尼哀一窍不通。作为园艺家，他对植物了如指掌，于是他将花坛的构造转换为自己熟知的“植物的根系”进行思考：盘根错节的植物根系，因为牢牢地和土壤结合在一起，才使植物枝繁叶茂、茁壮成长。他把土壤转化为水泥，植物的根系转换成一根根钢筋；将土壤包裹根系，转换成用水泥包裹钢筋。通过反复演练，莫尼哀不仅制成了坚固的新型花坛，而且发明了在建筑史上具有划时代意义的新型建筑材料——钢筋混凝土。

第四种，从自设的圈套中跳出。

刘备三顾茅庐终于请来了诸葛亮，并任命他为军师，统领三军。

张飞左左右右、上上下下打量着诸葛亮，第一个跳出来喊不服气。

诸葛亮手摇羽扇，面带微笑，不慌不忙地对张飞说："三将军，是你有力气，还是我有力气？"

"当然是我有力气啦。"张飞大声回答。

"三将军，是一个巴掌有劲呢，还是一个指头有劲？"

"当然是巴掌啦！"

"我的一根指头比你的巴掌还有劲呢！"

张飞看了看自己蒲扇大的巴掌，大声回应道："我不信！"

"好，好。三将军，你用巴掌，我用指头，看谁先把地上的蚂蚁打死。"

张飞用足了力气，拍肿了巴掌也没把蚂蚁拍死，而诸葛亮用手指轻轻一摁，蚂蚁就死了。

张飞连忙拱手抱拳："军师力大无穷，真乃神人也！"

为什么会出现上面的情况呢？

原因是，诸葛亮并没有骗张飞，而是张飞被"想当然"束缚住了，他给自己设置了一个个思维障碍："我张飞比你诸葛亮有力气""巴掌比手指劲儿大多了"。如果脑子被这种念头充斥，没有深入思考，没有醒悟过来，那么拱手臣服就在情理之中了。

三　转换思维，灵活变通

逻辑思考力是人对事物的分析和理解能力。而事物总是在不断发展变化的，如果一个人的思维总处在一成不变的范式中，就很难对事物做出深刻的理解和判断，同时说明这个人的逻辑思考力很差。只有逻辑思考力强的人才能根据事物的变化不断变换自己的思维方式，准确把握其发展脉络。

（一）逆向思维，出奇制胜

逆向思维是逻辑思考力中的一种思维方式，也叫“求异思维”，是指对司空见惯的、似乎已成定论的事物或观点反过来进行思考。拥有逆向思维的人，敢于“反其道而思之”，让思维向对立的方向发展，从问题的相反面进行深入的探索，树立新思想，创立新形象。比如，当大家都朝着一个固定的思维方向思考问题时，你却独自朝相反的方向思索，这样的思维方式就是逆向思维。人们习惯沿着事物发展的正方向思考问题并寻求解决办法。其实，对于某些问题，尤其是一些特殊问题，从结论往回推，倒过来思考，从求解回到已知条件反过去想，或许会使问题简单化，解决起来轻而易举，甚至因此有所发现，创造出惊天动地的奇迹，这就是逆向思维及其魅力。

例如，“司马光砸缸”。遇到有人落水，常规的思维模式是“救人离水”，而司马光面对紧急情况，运用了逆向思维，果断地用石头把缸砸破，“让水离人”，救了小伙伴性命。

第二次世界大战后期，世界战争形势发生根本性转变，德国希特勒的军队全线溃败，最后退到德国首都柏林，负隅顽抗。同盟军决定全线出击，痛打落水狗，从而取得第二次世界大战的最终全面胜利。

指挥这场战役的是苏联著名军事指挥家朱可夫元帅。这天晚上，苏军本来想利用黑夜做掩护向德军发动突然袭击，但非常不巧的是，当天夜里天上星光闪烁，大部队出击很难做到高度隐蔽。难道要为此改变这次作战计划吗？

朱可夫元帅紧蹙眉头，慢慢地踱着步想：利用黑夜进攻，是为了让部队具有高度隐蔽性。所谓隐蔽，就是不让德军发现苏军，可这种利用黑夜让德军什么也看不见的做法，显然不能奏效了。有什么办法能达到同样的目的呢？

想着想着，朱可夫元帅灵机一动，有了！他立即发布命令，将全军所有的探照灯集中起来，在向德军发起进攻时，苏军的140台大型探照灯同时射向德军阵地。极强的亮光把隐藏在防御工事里的德军将士照得睁不开眼。德军什么也看不见，无法还击，完全处于被动挨打的局面。苏军以迅雷不及掩耳之势，突破了德军的防线。

朱可夫元帅利用逆向思维创造了世界军事史上著名的战绩。

与常规思维不同，逆向思维是反过来用绝大多数人没有想到的思维方式思考问题。运用逆向思维思考和处理问题，实际上就是以“出奇”达到“制胜”的目的。因此，逆向思维的结果常常会令人大吃一惊，喜出望外，另有所得。

（二）换个角度，柳暗花明

俗话说“一巧破千斤”。一千斤的重物，任你是彪形大汉，也不能将它搬起移走，但用“巧”就不一样了，比如，在重物下面放上轮子、用杠杆、用滑轮等都是用“巧”。

对于现实中出现的问题，我们也应该如此用“巧”——用一种全新的视角研究和分析它，达到事半功倍的效果。

美国著名科学家沃森，对生物化学和量子化学都很感兴趣。他20岁时，就对这两门学科做过一些研究，还系统地听过关于核酸和蛋白质的专题讲座。

英国物理学家克里，学识和经验都极为丰富，他也对生物学研究兴趣颇浓。

相同的爱好使沃森和克里走到了一起。广阔的科学视野和知识背景，给他们创造了优越的条件，使他们能从一个全新的角度审视和探索生物的奥秘。从一开始建立DNA大分子模型，他们就和其他科学家截然不同：其他科学家只是在自己专业范围内从单一的途径出发进行研究，或者只是局限于DNA的化学结构本身研究DNA，而他们却始终把功能和各种综合信息结合在一起探索DNA的结构。他们这种从全新的角度——通过DNA大分子的模型结构及其活动特点，研究和描述生物“自我复制”的遗传行为的做法，本身就是一种大胆的创造。他们找到了获得成功的捷径。仅仅18个月时间，他们便成功创造了DNA大分子的双螺旋模型。这两个生物学界的无名小辈，将本来走在前面的一批著名科学家远远地抛在了后面。

对于一个事物或问题，从全新的角度进行观察和思考，求得对这个事物或问题更深刻、更全面的认识，将会为最终了解事物或解决问题找到更好的方法。

①事物都有不同的侧面，从不同的角度观察，它呈现给我们的形象各不相同。比如，我们走在大街上，看到前面一个身材非常苗条的姑娘，信步款款，一头靓丽的长发瀑布般飘逸优美，春风轻拂，丝丝缕缕的秀发弥散着阵阵清香，引起我们极大的好奇，心想，前面这位准是一位绝色佳人。当我们急赶几步走到姑娘前面，回头一看，不禁感到失望：原来此人并没有想象中的那么美。其实人与物是相同的，很多事物也是如此。

②世上的万事万物不是孤立存在的，它们都是矛盾世界的一部分，都与周围事物有着千丝万缕的联系，在研究甲事物时，可能会从它周围的乙事物中找到切入点。

英国著名侦探小说《福尔摩斯探案集》中，曾描述过这样一个情节：在勘查一个作案现场时，有一条狗总是静静地卧在那里，助手华生见它很安详什么也没干，便认为与案件无关，完全忽略了它的存在。福尔摩斯根据嫌疑人的心理和意图思考分析后认为：狗是不易安静的动物，尤其是在生人出现的时候，它能长时间地静卧，本身就是一种反常，很可能是作案人搞的鬼。后来的事实表明，福尔摩斯的判断是非常明智和正确的。

③事物的发展趋势存在很多可能性。一般人观察和思考事物，大都会着眼于事物发展趋势比较明显的特征，因为它容易被看出来，我们将它称为“常规角度”。而对于很难注意和捕捉的事物发展趋势，要从非常规角度观察和认识。

掌握角度转换的方方面面，将对我们了解和利用事物的本质，找到处理各种复杂问题的突破口，提高工作效率，产生深远的影响，对培养自身的逻辑思考力也有所帮助。

（三）无中生有，弄假成真

俄国著名科幻小说家诺卡切夫具有非凡的想象思考能力。早在直升机、雷达、导弹、坦克、电视机、潜水艇等出现之前，他就想象出了这些东西，并在自己的小说里有所提及。第二次世界大战初期，德国人制造的潜水艇基本上与诺卡切夫小说中描写的一模一样。更令人惊奇的是，100 多年前，诺卡切夫曾在一部科幻小说中预言：美国佛罗里达州将设立一个火箭发射点，在此发射飞往月球的火箭，他还想象出了飞行员在太空船里失重的情景。100 多年以后（1961 年），美国真的在佛罗里达州发射了第一艘载人太空船。

据说，诺卡切夫很少外出。而他那充满智慧的大脑能想象出如此众多在当时并不存在的东西，靠的就是无中生有思考法。

无中生有思考法是指根据掌握的知识和经验，以及已有的丰富形象积累，在头脑中构成当前并不存在、以后可能产生、能体现某种思想或愿望的事物形象。

无中生有能启发人们的聪明才智，许多科学发现和发明都是从大胆的预示和想象开始的。诺卡切夫的小说《飞向月球》，描写了几个美国冒险家乘坐一颗空心炮弹到月球去探险的故事。书中想象他们没在月球上着陆，而是在距离月球两千八百里的地方围绕月球运行。这样的想象，令俄国科学家卡尔斯基大受启迪，据此提出了火箭飞行的科学理论。后来，人们把火箭实际运用于太空船，就是在卡尔斯基这一理论的基础上实现的。

在创新活动中，无中生有是非常重要的条件。人在改变客观现实的实践活动中，必须想象自己行动的后果和在实践过程中可能遇到的种种困难，然后朝着目标，按照想象中的前景和结果一步步实践与操作。

相传，在西周时期，有个名叫偃师的人造出了一种机器人。它的外表酷似真人，而且“能歌善舞”。偃师将它献给了周穆王。有一天，周穆王和妃子坐在一起观赏机器人跳舞。表演结束时，机器人还斜着眼睛挑逗起妃子来。周穆王勃然大怒。偃师连忙解释道：“这是机器人啊！”说罢，拆开机器人让周穆王细看。周穆王看后转怒为惊，赞叹不已。

这是《列子・汤问》里记载的一则传说，不一定确有其事，但从中显现出的中国古人丰富的想象力着实令人叹服。现在，偃师所向往的“机器人”已经成为现实，科学家正在积极研制更高级的机器人代替人类的体力劳动和脑力劳动，服务社会生产和人们的生活。

（四）换位思考，另辟蹊径

站在对方的角度进行换位思考，就能做到知彼知己，使许多问题迎刃而解。无数事实证明，换位思考是解决问题的方法之一。

在苏联攻打柏林的战役中，有这样一段故事：苏军朱可夫元帅的坦克部队即将攻到柏林城下，这时，后续部队还没有跟上来。这种状况很容易使兵临城下的坦克部队失去必要的后勤保障。朱可夫元帅问自己的部下——坦克集团军司令员卡图科夫："如果你是德军的柏林城防司令，那么现在你会怎样对我采取行动呢？"卡图科夫想了想，回答说："那我就用坦克从北面攻打，切断你的进攻部队。"

卡图科夫站在敌方的位置，想象出敌方可能会采取的行动，而这也正是朱可夫元帅的想法。于是，朱可夫命令第一坦克集团军火速向北开进。实际情况果然与他们想象的一样，德军的侧翼部队正在这一带蠢蠢欲动，企图切断苏军的进攻部队。幸好苏军行动及时，歼灭了德军的侧翼部队，最终使攻克柏林的战役取得了胜利。

朱可夫元帅的神机妙算包含了一种重要的思考方法——换位思考。

换位思考，是指设想自己处于某人的地位上或某件事的环境中，通过揣摩其人的思想感情或其事的具体情景，寻求获得解决问题的办法。

想象的自由度很大，可以站在自己的角度想象，也可以设想自己身处他人的境地加以想象。换位思考正是利用了想象的这一特点，寻找解决问题的途径。

换位思考在军事中应用很多，其应用范围非常广泛，不仅局限在军事方面。有家药厂规定，本厂人员生病，要先吃本厂的药，以此增强职工的质量意识，教育职工为患者着想。近年来市场上假药泛滥，这种以患者为重的想法和做法实属难能可贵。

在创新思考中，换位思考应用了对立统一的规律。作为矛盾的一方，思考者自觉地将自己置于矛盾的另一方进行完全想象，矛盾也就容易得到解决。如果忽视了这一点，就会带来这样或那样的不利后果。

一开始，冰箱的冷冻室设计在冰箱顶部位置。因为冰箱中冷空气比重较大，会自动地自上而下流动，将冷冻室放在冰箱顶部，有利于冰箱对冷空气的利用。人们普遍认为这样的设计合情合理。但是，日本夏普公司的科研人员对此产生了怀疑。因为人们从冷藏室取放东西的次数要比从冷冻室取放东西的次数多，电冰箱冷冻室的位置在顶部给人们带来诸多不便，因此它的位置就不太理想了。

经科研人员分析，可以将冷冻室和冷藏室的位置上下互换，只要能把下面冷冻室的冷空气提升到冰箱上半部就可解决这个问题。沿着这样的思路，科研人员很快想出了解决办法：在冰箱内安上风扇和通风管道，通过它们将冷冻室的冷空气提升到上面的冷藏室。就这样，市场上很快有了更方便实用，冷冻室在下面的新型冰箱。

通过上述例子，我们可以看到位置变换了，事物的各种关系和作用也就变了。使“不在其位”的事物，改为在“其位”，更主要的是让它“谋其政”，而原有的某种关系也会随之发生变化。位置变化了，也就是原构成事物整体的排列顺序变化了，使事物本该有的结局发生出人意料或以人们意志为转移的改变。所以，善于引导事物发展方向的人，往往会自创机会，打乱原有的排列顺序，使事情朝着有利于自己的方向发生和发展。

（五）把握规律，殊途同归

只有认识了事物的规律，针对其特点和属性进行分析，才能在我们的日常工作中找到解决问题更巧妙的办法。

法国著名女高音歌唱家玛·迪梅普莱有一座非常漂亮的园林，奇石秀水，林木葱郁，流水潺潺，鸟鸣啾啾，景色迷人。这座园林引来不少人度周末、采鲜花、采蘑菇、捉蟋蟀、观月亮、数星星。有的人甚至燃起篝火，一边野餐，一边唱歌跳舞。余兴未尽者，干脆搭起帐篷，彻夜狂欢。这常常把园林搞得一片狼藉，肮脏不堪。

管家按照迪梅普莱的指令，在园林的周围搭起篱笆，竖起“私家园林，禁止入内”的警示牌，并派人在园林的大门处严加看守，结果仍然无济于事。许多人通过各种途径用极其隐蔽的方式潜进园林，令人防不胜防。后来，管家只得再行请示，请主人另想良策。

迪梅普莱思忖良久，猛地想起，园林中不是经常有毒蛇出没吗？既然直接禁止游人入内不见成效，为什么不利用毒蛇做篇文章呢？她叫管家雇人做了一些大大的木牌立在园林的显眼处，上面醒目地写明：“请注意！你如果在林中被毒蛇咬伤，最近的医院距此 15 公里，驾车需半小时。”

从此以后，闯入园林的人寥寥无几。

人们常说，方法总比问题多。只要我们动动脑筋，变换一下思路，总能找到解决问题的有效方法。针对同一个问题，不同人的解决方法大相径庭，其中，逻辑思考力强的人提出的方法常常是最高明和最有效的。逻辑思考力是通过不断对事物进行多角度的琢磨和联想获得的，它使人的思维跳跃到从未有过或达到的境地或高度，由此揭开事物间隐藏的秘密和规律，进而达到解决问题的目的。

对于思考，有的人或许有这样的体验，不思考还好，一说要思考，脑袋就疼，这其实是不善思考，平时缺乏思考训练的表现。相反地，有的人觉得思考是一件自然、轻松、快乐的事，这是因为他们掌握了思考的窍门，积极进行思考，学习起来就轻松，成绩就优秀。

其实，每个人都有一个神奇的智慧宝藏，那就是人的大脑。但是，很多人没有真正打开智慧之门，有效利用这个智慧宝库。生理学和心理学研究表明：人一生中仅仅用去大脑能量的20%左右，其余的智力潜能都处于沉睡中。谁能将自己的潜能唤醒，并充分发挥出来，谁就能成为生活、学习上的成功者。

第九章

培养逻辑思考力的方法

逻辑思考力对于一个人的成长和成功有着至关重要的作用。逻辑思考力的强弱与培养的方法有很大关系。若方法正确，则事半功倍，立竿见影；若方法不当，可能会走一些弯路。当然，逻辑思考力的培养不是一朝一夕完成的，而是通过长期的修炼和不断的读书学习练就的一种能力。

一 培养要从孩子抓起

逻辑思考力的培养要从孩子抓起。我们在关注孩子的逻辑思考力问题、启发孩子为提高逻辑思考力而努力的过程中，必须解决以下三个问题：

①让孩子感知逻辑思考力的存在；

②使孩子认识逻辑思考力的重要性；

③激发孩子为提高逻辑思考力努力的劲头。

青岛新闻网刊登过一位母亲所写的真实故事：

女儿的生日和我是同一天。今年我们一起过生日的时候，女儿忽然问我："妈妈，您那么大，怎么会是和我一天出生的呢？"

我向她解释道："妈妈虽然和你是同一天出生的，但妈妈比你提前出生了好多年，知道吗？"

女儿想了想，似有所悟地说："哦，原来是这样，我明白了。"

我正在为能让 4 岁的女儿这么快就明白了这么一个难懂的问题而沾沾自喜的时候，女儿忽然又问我："妈妈，如果是我先出生的，那您是不是就是我女儿了？"

从上述情境可以看出，这个小女孩很乐于思考。尽管她的想法难免天真幼稚，但是有一定的逻辑思考力。

也许有人会说，那么小的娃娃懂得什么逻辑思考力？确实，孩子不懂得什么是逻辑思考力，但是这不等于孩子没有逻辑思考力。事实上，从孩子有意识活动的时候起，逻辑思考力就萌芽了。比如，在孩子还不会爬的时候，他趴在毯子上，看着前面不远处的玩具很着急，急得脚蹬手刨，嘴里哇哇直叫。当他偶然抓住毯子一拽，发现玩具离他近了一些，便学会了用“拽毯子”的方法将玩具拉近。这个过程就是逻辑思考力在起作用，而整个认知过程就是发现和创造的过程。

逻辑思考力不仅在孩子学龄期影响学习速度和质量，也在其走向社会后影响沟通交流，影响随机应变和抓机遇的能力，从而影响发现、发明和创造的能力。

对学龄前的孩子是不好直接谈论逻辑思考力理论的，但是可以适当对孩子进行关于逻辑思考力方面的关注和引导。这个时期关于逻辑思考力的家教工作，大体可以集中在以下几个方面。

①随时关注孩子的逻辑思考力状态，留心发现孩子灵性亮点和缺憾苗头，及时给予点拨，如赞美逻辑思考力强的事例、讲述逻辑思考力差的笑话等。

②为孩子提供逻辑思考的时间和空间。培养逻辑思考力需要宽松的心理环境，家长要少一些包办代替，让孩子能够独立思考。只有多思多想才能培养出良好的逻辑思考力。

③适当进行逻辑思考力构成要素单项强化训练和逻辑思考力综合训练，如联想、推断、预测、假设、比较，厘清思路、开拓思路、完善思路等，可采取猜谜语、脑筋急转弯等有趣的活动形式。要让孩子感受到逻辑思考的快乐，以提升孩子对思考的兴趣

并逐步养成习惯。

④家长要自觉努力提高自己的逻辑思考力，只有这样才会有切身体验，才能指导到位。

二　在游戏中开启逻辑思考之门

玩游戏是孩子的天性。游戏能使孩子的观察、想象、思维、语言等能力得到全面发展，开启孩子的逻辑思考之门。

（1）孩子以游戏为生命，游戏是孩子的正当权利

游戏对孩子具有特殊的意义。这是因为他们在生理上发育还不成熟，表现在他们以游戏为生命，游戏是他们生活的方式。孩子就是在游戏中生活、在游戏中学习、在游戏中成长的。因而，有游戏生活的孩子才是真正的孩子，也只有在游戏生活中成长的孩子才会是身心健康的孩子。游戏是孩子的正当权利。对于孩子，社会将以法律的形式保护他们的游戏权。因此，不让孩子玩儿的做法是极其错误的。

（2）爱玩儿、会玩儿是评价好孩子的标准之一

日常生活中，爱玩儿的孩子常被看作淘气、调皮捣蛋、不用功、没出息的孩子。是不是喜欢玩儿，会不会玩儿，对大人来说也许不那么重要，可对孩子来说却是件大事，它是衡量孩子身心健康发展的标准。孩子的游戏水平反映了他们的身心发展水平，因此，会玩儿的孩子总是聪明能干、身体健壮、善于交往合作。英国有句谚语说得好：“整天用功不玩耍，聪明孩子也变傻。”

（3）游戏是孩子最自然、最有效的学习方式

游戏与学习对立是实施游戏教育的重要障碍。其实，游戏的对立面不是学习而是不游戏。在游戏中学是孩子学习的特点，游戏的过程就是孩子的学习过程。你看见过孩子玩儿玩具吗？他们在充满新奇、幻想和奥秘的玩具世界里，小脑袋不停地转，并努力摆弄、操作玩具以期得出答案。不倒翁为什么不倒，陀螺怎么会转，火车怎么会叫、会冒烟？这些问题不仅能激发孩子丰富的想象力和思维力，也是孩子认识世界的工具和启迪他们智慧的教科书。

著名动画片艺术家万籁鸣小时候喜欢和母亲玩儿手影游戏。他常被墙上晃动耳朵的“兔子”、汪汪叫的“小狗”迷住。形态生动逼真的手影游戏，激发了他对动画艺术的兴趣。长大后，他制作了我国第一部彩色动画片《大闹天宫》，成了著名的艺术家。

美国语言学家斯特金娜夫人常和女儿维尼玩儿语言游戏和表演游戏。维尼 3 岁就会写诗，4 岁写剧本，5 岁出诗集。由于游戏为孩子提供了一个轻松愉快、丰富刺激、鼓励学习的良好环境，使他们获得了安全感、自尊和自信，产生了对学习的持久热情，从而终身受益。而一些父母力图让孩子提早学习书本知识，其结果很可能适得其反。因此，游戏是促进孩子身心全面发展的重要手段，应充分发挥它的教育作用。

（4）孩子玩儿游戏需要成年人指导

有不少父母虽然在给孩子买玩具时从不计较数量和价格，但不关心孩子如何玩儿。他们认为，孩子玩儿就玩儿吧，只要不闯祸就行。其实，他们没有考虑到不是任何游戏都具有教育价值。如反映迷信内容的游戏，就是不好的游戏。即使是玩儿好游戏，如果缺乏正确的指导，也会给孩子带来不良影响。如运动量过大

的游戏会损害孩子身体健康。在游戏中常处于被支配地位的孩子会形成胆小、软弱的性格；而霸道的孩子在游戏中如果得不到指正，就会形成自私、骄横的性格。这些个性品德上的问题将会影响孩子的一生。

游戏中的教育因素需要父母去发掘才能达到教育的目的。如玩水儿，父母给孩子一个塑料袋，让他将水装进袋子，并用小针扎几个小洞，父母指导孩子观察水的流动，引起孩子对水流形成的兴趣，发挥玩水游戏的教育价值。

另外，指导游戏需要父母的爱心。对游戏进行指导是一门艺术，是建立在父母爱心基础上的，表现在父母对孩子游戏的仔细观察和了解，对孩子的尊重，以及作为孩子的游戏伙伴，平等地参与游戏上。

三　插上想象的翅膀

在一次课堂上，老师出了一道题，让大家写出世界上什么最大。有的学生写“天最大”，有的学生写“地最大”，还有的学生写“宇宙最大”，有一个学生却写道，“想象力最大”。确实，我们无论说什么东西，总有比它大的东西存在，但是人的想象力就不同了，它是无限延伸的，可以超越时空，跨越宇宙。

想象实际上就是“自编自演”，在自己心中“演戏”。只要我们为想象插上坚强的翅膀，让它带着我们自由自在地翱翔，我们就能在头脑中形成无数新奇的画面。在日常生活中，我们可以有意识地想象让自己扮演各种各样的角色。比如，扩展自己在正常社会环境中的行为领域，扮演生活中自己感兴趣的角色，展开想象，游戏人生。之后，总结经验，探索更好的途径或方法。

①在扮演中，对一些成功的经验，增加一些新的情境，借以了解原来情境的限度，看哪些是可以改变的，哪些又是不可改变的。

②在想象中，对上演的任何戏，多尝试一些建设性的想法和途径。可以想象自己是矛盾双方不同的当事者，进行争论，还可以想象矛盾双方在进行激烈的辩论，自己作为一个旁观者判断是非。

③在看书、听歌、唱歌的时候，脑子可以随着文字的描述、歌词的流动，想象它们表达的各种意境。

培养想象能力的方法和技巧如下。

（1）在情景中想象

利用故事进行想象，小时候，我们都喜欢听故事，经常随故事中那些真实或不真实的人物一起喜、怒、哀、乐。我们听故事、读故事，有时还给别人讲故事。故事在我们幼小的心中播下了想象的种子，它给予我们丰富的想象力。所以，我们要选择语言优美、词汇丰富、形象生动的故事。在读或听的时候，遇到故事的关键情节停住，推测一下结果。之后，再与故事进行对照比较，看与实际有什么不同。这样我们就会知道该怎样想象才是正确合理的。

如果你不喜欢数学、物理等逻辑思维科目，也可以在阅读上做点文章，锻炼自己的想象力，培养自己的逻辑思维能力。这时，你需要一本推理小说。在阅读小说的时候，不能单纯追求故事情节，而应该在读完引子后边推测后面的情节边往下读。一本优秀的小说，无论是在结构安排还是在情节处理上，作者运用的逻辑思维都是很严密的，伏笔埋得都非常巧妙，非常适合训练想象力。

（2）在游戏中想象

游戏的方式多种多样。游戏可以激发我们的想象力。因为，在玩耍的时候，大家都是无拘无束的，思维受到的限制不是很大。如果一种常规玩儿法玩腻了，还可以尝试新的玩儿法。在这个过程中，需要我们充分发挥想象力。所以，在玩耍的时候也要积极动脑，才能玩得精彩，玩得开心。

（3）在"白日梦"中想象

在日常生活中，人们往往把"白日梦"（空想）等同于想入非非、不切实际、不自量力的痴心妄想。然而，心理学家却不这么认为。在心理学上，"白日梦"是指人在清醒状态下出现的带有幻想情节的心理活动。它的存在并不是一件坏事，而是一种有效的松弛神经的方法，可以激发人的想象力，对解决一些疑难问题也是很有帮助的。同时，空想和幻想是有区别的。空想的秘诀，就是让形象或多或少有些现实性。

富兰克林从幻想中出现的孩提时代放风筝的情景，想出了著名的放风筝检验放电现象的实验；喜欢打盹儿的爱迪生，在似睡非睡的朦胧中，想出了很多漫无边际的事情，并从中得到启发，产生了新的发明创造。美国心理学家罗杰克认为："白日梦"的题材多属于个人关心的切身事物，由于脑筋不受传统思维形式的限制，问题经过深思熟虑，而答案又经过反复推敲，往往会激发出意想不到的解决方案。

因此，"白日梦"对于我们想象力的培养有很大帮助，是张扬想象力一个简单易学的方法。

（4）改头换面法

改头换面法就是把一个具体的事物形象、情节、起因和结果等进行反复改组，创造出符合自己意愿的事物。比如，在变换时，可以把事物的形式变换成内容，根据事物的本质想象出它们的外表具体形象，或者把它们的结构想象变换成内涵。

（5）组合嫁接法

组合嫁接法是把几种有特点的物体或现象嫁接组合在一起，想象出一种新形象。这种想象方法在我们的日常生活中非常常见。比如，现在人们热衷的电子治疗仪器，就是把治病的药物与电磁信号进行组合，从而提高治疗效果；把美女和鱼组合起来，就成为童话中善良的美人鱼；等等。

四　注重灵感的作用

逻辑思考力与灵感联姻，与创新结伴，与革新、开拓为伍，人们常说的“举一反三”“闻一知十”“触类旁通”“恍然大悟”等，就是对逻辑思考力最通俗的概括。不难看出，培养逻辑思考力可以使我们的思维更灵动、更有活力。逻辑思考力可以使我们对对象本性和内蕴有一种直观的透视。

曾经，在英国家庭使用的数百万台电脑中，大约有一半是用发明家辛克莱的名字命名的。这位以发明袖珍电脑和袖珍电视机而闻名于世的英国著名发明家，在谈及袖珍电视机的设计过程时曾写道：“多年来，我一直在想去掉显像管‘长尾巴’的方法。有一天，我突然灵机一动，想了个办法——将‘尾巴’做成90° 弯曲，使它从侧面，而不是从后面发射电子，结果就设计出了只有 3 厘米厚的袖珍电视机。”

古往今来，有许多发明家像辛克莱一样，“灵机一动”就解决了长期思考的问题。这种“灵机一动”的根源就是逻辑思考力在发挥作用。

灵感，是指长期思索某个问题得不到解答，而当不再思考它时，却又在某个场合突然对它有所收获的一种特殊的思维现象。这种思维现象奇特而又常见。比如，有个人买了一张新书桌，而他的房间已经满了，根本没有空地方摆放书桌。他设计来设计去，想了不少方案，甚至还画了若干张草图，结果都不行。当他不再想这件事，而做其他事情时，头脑中突然冒出了一个他从来没有想到过的方案。这个突然冒出来的新方案，就是灵感（它可能一试就成功，也可能依然行不通）。生活中，不少人都有过类似的经历。应该说，灵感几乎在每个人的头脑中都不同形式、不同程度地出现过，只不过有些人已明显地意识到了，有些人尚未觉察而已。著名科学家钱学森在《关于形象思维的一封信》中写道：“凡是有创造经验的人都知道，光靠形象思维和抽象思维不能创造、不能突破，要创造要突破得有灵感。”毫无疑问，灵感现象是普遍存在的客观事实，而且在人们的创新活动中发挥着重要作用。

法国数学家密歇尔在叙述自己如何发现“四元数”时说：“1843 年 10 月 16 日，当我和妻子步行在去巴黎的途中，走到布劳汉桥时，它们就来到了人世间，或者说出生了，发育成熟了。这就是说，此时此地，我感到思想的电路接通了，而从中落下的火花就是 I、J、K 之间的基本方程。我拿出笔记本记录下来的，恰恰就是我以后使用的那个样子。这个问题已经缠住我 15 年多了，要是没有这一刻，我也许还得花上至少 10 年（也许 15 年）的时间来研究它。”

斯里多德是希腊著名物理学家。1934年的一天，正在实验室里研究中子诱发放射性问题的斯里多德忽然产生了一个念头：在入射中子前放置一块铅，看看会有什么变化。当他正准备放置铅时，奇怪的感觉使他想到："不，我不想把这块铅放在这里，我想放一块石蜡。"他放下铅块，马上随手取了一块石蜡，把它放在原来准备放铅块的地方。结果，他得到了一个关于原子核裂变的关键性发现：如果使中子束事先通过石蜡降低速度，那么当中子射中靶子时，就能极其有效地使靶中的原子核变得不稳定。斯里多德的这一重要发现正是来自他的自发灵感。

灵感具有突然来临、不受控制、一闪而过、难以重现等特点。它可能来，也可能不来；也许这个时候来，也许那个时候来；来得突然，去得匆忙。为了适应灵感的"不期而至"和"来去匆匆"，人们在对问题进行思考的过程中，要保持一定的警觉和敏感。"长期积累，偶然得之"，这是人们对灵感简洁而中肯的概括。

五　培养做事的注意力

保持良好的注意力，是大脑进行感知、记忆、思维等认识活动的基本条件。在学习过程中，注意力是打开我们心灵的门户，而且是唯一的门户。门开得越大，我们学到的东西就越多。一旦注意力涣散或无法集中，心灵的门户就会关闭，一切有用的知识信息都会无法进入。正因为如此，法国生物学家乔治·居维叶说："天才，首先是注意力。"在培养孩子逻辑思考力的时候，要注意培养孩子的注意力。以下介绍几种培养注意力的方法。

（1）制订学习计划

在开始学习前，提出具体明确的学习任务，同时限制自己完成这一具体学习任务的时间，形成一定的学习压力。对学习有了一定的紧迫感，我们就能更好地集中注意力，也有利于维持注意力的稳定性。

（2）学习场所要单纯

单纯的学习环境，是指在学习时把无关的图书、杂志放在视线之外，各类学习用书、文具放在固定的地方，以便自己随手可以拿到，避免因为寻找物品而中断学习，浪费时间和精力。另外，学习环境应尽可能满足如下条件：空气清新（通风）、光线充足、安静舒适、没有干扰源。在学习时，学习者不宜谈话。有人认为，边听音乐边学习的效果更好，实际上，这种做法会对学习有一定的妨碍。

（3）多种感官参与学习

多种感官参与学习，有助于维持注意力的稳定性。如果不能做到多感官参与学习，在学习时，就要提醒自己手脑并用。如在听课时，要求自己边听，边想，边记笔记，这样上课就不容易走神；在阅读时，要边看，边默读，边做记号、写笔记，有助于思想专一，让人专心看书，深入理解文章。

（4）态度积极

对自己活动的对象持积极态度，是注意力高度集中的重要因素。我们都有这样的体验，如果别人要你做自己不感兴趣的事，心里就会不舒服，做事的情绪不高。这就是心理上的不适应感觉。同样，学习也是如此。当我们面对自己不感兴趣的学科时，必须采取积极的态度，有了这样的态度做铺垫，学习的注意力就会高度集中。

（5）意志坚强

在学习过程中，内外部的干扰随时有可能发生，甚至有时是不能避免的。这时，我们就要用坚强的意志防止注意力分散。当集中注意力出现困难时，要不失时机地告诉自己，一定要坚持，坚持到底就是胜利。这样，在反复的考验中，如果我们都能抵抗住考验，养成良好的学习习惯，就能高度集中注意力。

（6）善用“工具”

有一种工具叫作“视力引导工具”，通过名字可知这不同于我们日常生活中的工具。确实，“视力引导工具”是用来帮助我们集中注意力的。很多人在念书读报的时候，手指常常在字里行间移动；还有人在看书的时候习惯手拿一支笔，随手在书上画线。在这些过程中，手指、笔画就是我们所说的“视力引导工具”，它们能让我们随时知道自己读到什么地方，还能使我们改变视线移动的情况，让注意力更加集中。

（7）找到注意的“点”

德国哲学家康德每次坐在书房中沉思的时候，都是将目光定点在远处风车的尖点上，一边专心注视，一边思考问题。听起来似乎很玄，道理其实很简单。当我们注视某一点时，视野就变得狭小了，意识的范围也会相对变得狭窄，人的心境就会变得宁静，注意力也会高度集中。在学习生活中，我们可以效仿此法，选择一个点作为对象，如教室墙壁上的一个小黑点等。

一般而言，我们在看一件事物时，往往先从整体看局部，再从局部看整体；可是大部分时候，人们都只看自己想看的部分。典型的情况是，一旦掌握了整体的大致印象，我们就认为自己已经了解了整体，这就是所谓的“见林不见树”类型，粗心大意、性急或者比较浮躁的人都有这种倾向；反过来，也有“见树不见林”类型，这种人只注意到细微处，而没能好好地掌握整体的意义。

六　训练基础观察力

观察力是形成逻辑思考力的重要因素之一，观察是感知觉发展的最高形式，是在综合视觉能力、听觉能力、触觉和嗅觉能力、方位和距离知觉能力、图形辨别能力、认识时间能力等基础上发展起来的，是根据一定的目的和任务进行的有计划、比较持久的知觉。

观察力可以帮助人们获得周围世界的有关知识和信息，是逻辑思考力的基础。研究证明，人获得的信息 80%~90% 是通过视觉、听觉输入大脑的。因此，训练观察力，要从基本的感知觉能力培养入手。

（1）培养观察兴趣

只有有了兴趣，人们才会乐于对事物进行更细致、更深入的观察；如果没有兴趣，观察者就只能获得肤浅和表面的印象。因此，培养青少年的观察兴趣，是展开观察的重要前提，能让他们始终保持好奇心，这样就会对别人熟视无睹、司空见惯的现象多问一个为什么，从而可以比别人看到得更多、听到得更多、感受到得更多。他们的观察力自然而然就提高了。

英国生物学家特罗特曾经说过：在科学上，设想的主要职责与其说是“真实”，不如说是有用而有趣，一旦对科学产生了兴趣，就能使人生发出巨大的精力，把终生精力献给自己感兴趣的事业。兴趣可以使达尔文把甲虫放进嘴里；可以使舍勒去尝氢氰酸；可以使陈景润十几年如一日，在一间斗室里靠着手摇计算机摘取哥德巴赫猜想这一数学领域的桂冠。同样，兴趣对于观察也是一种强大的动力。

伟大的生物学家达尔文是一个带有传奇色彩的人物。他的著作《物种起源》向世界说明了物种与人类起源的真相，是生物史伟大的革命性著作。那么，他为什么能获得如此大的成就，他是如何走进科学殿堂的大门的？

达尔文年幼时就对自然界显露出强烈的好奇心。到了中学阶段，他的好奇心有增无减，发展为一种浓厚的兴趣。他喜欢对各种问题寻根问底，特别热心于搜集各种动植物标本，常常因此影响其他学科的学习。中学校长曾当众训斥他，在强烈兴趣的驱使下，达尔文仍然坚持采集生物标本。而后在爱丁堡大学学习医学和剑桥大学学习神学期间，他依然把时间和精力用在阅读自然学科书籍和野外采集标本方面。对此，他曾诚挚地对父亲说：“爸爸，我对探索自然界有一种由衷的兴趣。”

达尔文在生物学领域的重大建树，与他对自然生物的浓厚兴趣是分不开的。正是由于对大自然感兴趣，他才会积极地从事这方面的活动，创立出伟大的学说。

对于青少年来说，带着兴趣去观察，可以使其全身心投入，精力集中，产生极大的观察热情。兴趣不仅能提高观察质量，还将成为创造性观察的动力源泉。下面让我们看一名中学生的事迹。

有一天，杭州的一名学生从西湖边经过时，忽然听见火车行驶的声音。于是他仔细观察四周，发现浓雾弥漫，空气中充满了水汽。他想到声音在水中传播的速度比在空气中快，并且远，认为今天能听到火车声是天气异常引起的。他进一步做出了当天会有暴雨的预报。果然，那天杭州下了一场罕见的暴雨。

一个中学生能结合自己所学的物理知识，从火车声中推测出暴雨的来临，其观察力是十分敏锐的，这与他对自然现象的留心与注意分不开。他知道，声音在水和空气中的传播速度与远近不同，雾是空气中水蒸气过多、湿度增大的结果。

感兴趣的观察，需要积极进取、乐观向上的精神做保证。自信心是制造这种精神的能源。一个人如果自信，就会变得头脑灵活，思维敏捷，对万事万物充满兴趣。自然，他的观察力就会大大提高。

（2）养成良好的观察习惯

一个人的观察习惯通常会影响观察效果。培养观察习惯要从小做起，青少年时期养成的良好观察习惯，将对观察力的提升有很大的影响。我们来看一个善于观察的例子。

一个外乡人因为找不到失散的伙伴，心里万分焦急。正在这时，一个当地的牧民走了过来。外乡人问牧民：“你看到我的伙伴了吗？”牧民回答说：“你的伙伴是不是一个胖胖的瘸子？他的手里拄着手杖，牵着一头瞎了一只眼睛的骆驼，骆驼背上还驮着椰枣。”

外乡人听了，高兴地说：“对！对！这正是我的伙伴。他在哪里？请快告诉我。”牧民笑笑说：“请你原谅，我根本没有见到他。”听了牧民的话，外乡人很不高兴地问他：“你没有见到他，那你怎么知道我的朋友是什么样的？”

牧民用手指着地上对外乡人说：“你看，这是人的脚印，左边的脚印比右边的脚印深一些，而且大一些，所以，我想象他是一个瘸子。你再看，他的脚印比我们的脚印要深得多，所以我想象他是一个胖子。”

外乡人又问：“你怎么知道他牵的骆驼瞎了一只眼睛，驮的是椰枣呢？”

牧民又回答说：“这头骆驼只吃右边的草，这说明它的左眼是瞎的。知道是椰枣也很容易，你看，地上聚集了很多蚂蚁，不正是椰枣的浆汁把它们吸引来的吗？”

听完牧民的一番话，外乡人才恍然大悟：“原来如此！”

故事中的牧民养成了细致入微的观察习惯，良好的观察习惯能使观察者获得丰富、准确的信息，为进一步创新提供感性的认知材料；而不良的观察习惯会使获得的观察结果不准确，影响观察者之后的创新。从这个意义上讲，良好的观察习惯对创新成功的作用不亚于人们拥有创新的具体知识。

七　掌握技巧提高记忆力

记忆力与逻辑思考力是构成一个人智力的两个重要方面，它们既互不相同，又互相联系、相辅相成。记忆力不好，逻辑思考力将受到很大的限制；逻辑思考力不好，记忆力也难以增强。因此，我们在学习和工作中要把记忆训练同逻辑思考力训练相结合，使它们同步发展，相得益彰。

记忆按方式可分为概念记忆和行为记忆。

所谓的概念记忆，就是对某一事物的回忆。如科技是第一生产力，大象很重，等等，这些只是概念上的回忆。

所谓的行为记忆，就是对某一行为、动作、做法或技能等的回忆。如踩单车、游泳、写字或打球等，虽然这些记忆长时间不用的话会生疏，但极少会遗忘。

据说，人的大脑的记忆能力，相当于 1500 亿台电脑（80G）的存储量。有的人觉得记东西难，可能只是太困、太累，或精神不佳所致。

（1）感受能力是记忆力的前提

感受能力和记忆力关系甚大。人如果丧失了全部感受能力，记忆也就无从谈起。即使仅仅是某一感觉器官发生了障碍，也会给记忆带来困难。

即使是感官健全的人，感官敏锐程度也是不一样的。某种专门感受能力对于记忆某种专门知识是非常必要的。如在学习外语时，要正确掌握外语单词的发音，就要具有特别发达的听觉能力。

众所周知，每种语言的许多发音之间的差别是极其微妙的，人们的听觉感受能力只有在语言实践的影响下，才能得到充分发展。有些人只会做英文书面翻译，无法做英语口头会话，甚至地道的英语对话也听不懂，这往往是其听觉感受能力较差的缘故。反过来说，我们要想学好一门外语，提高对这门外语的听觉感受能力是十分重要的。

毫无疑问，感受能力是记忆能力的前提条件，但是人们往往会忽略这一点。许多人埋怨自己记性不好，却很少有人埋怨自己感官不灵活。实际上，记忆不好的人，多半是不善于运用感官或感觉迟钝的人，即所谓“视而不见，听而不闻”之人。因此，他们通过感官得来的东西，大多是模糊的、笼统的、肤浅的和分散的，无法在脑海中留下深刻的“印痕”。而记忆力好的人，大都感受力很强。他们耳聪目明、嗅觉灵敏，映入脑中的印象比一般人要清晰、准确、详细而且全面得多，他们的记性自然要好。

不同感觉对记忆的意义是不同的。据专家估计，在我们记住的东西中，有85%是通过视觉获得的，有11%是通过听觉获得的，仅有4%是通过味觉、嗅觉和触觉获得的。

显而易见，训练感官，主要是训练耳目，提高视听能力。所以，只要我们的眼睛明亮起来，耳朵灵敏起来，“眼观六路，耳听八方”，记忆力就会得到相当的发展。

（2）有意识地记忆

外界信息是通过眼睛或耳朵等主要感觉器官接受的。可是，我们在看到某个对象时，映在视网膜上的视沉信息只能保持数百微秒，听觉信息也只能维持数秒。在这些信息中，能引起我们注意的就会进入我们的短期记忆，但最多只能持续15~30秒。

正是因为印象不能久留，所以需要训练记忆。例如，为了记住历史年号，我们反复背诵、练习押韵等，以便成功地将其转换为长期记忆。之后，当我们遇到需要想起这些记忆的场合时，便开始进行检索和再生。

但是，可以瞬间记忆下来的范围是有限的。一般而言，一个成年人瞬间记忆的范围在7SMU（最小记忆单位简写）左右。直接记下“834279645963011”这个数列共需15个SMU，可是如果将此数列以每三位数区分开来，形成“834 279 645 963 011”的话，就只剩下5个SMU；如果能再找出一个谐音押韵进行记忆的话，就只有1个SMU。

有研究显示，两个原本只能正确记忆 7 个数字的大学生，经过两年的持续训练，竟然可以一下子将 82 个数字一字不漏地背出来。

其中，成绩比较优秀的受测者因为是长跑选手，所以在记忆时将数字替换成田径项目的数字，方法是首先将数字整合成一个组合，其次将组合聚集起来形成更高等的组合，最后将更高等的组合聚集在一起形成更高一等的组合。

从这个例子来看，有意图的集中注意力做法可以增强我们的记忆力。研究者将这种有意记忆称为“企图记忆”。

所谓“熟能生巧”，就算没有记忆的意图，只要不断做一件事情，也会同样起作用，其原理和意图学习是一样的。另外，较显眼或引起我们兴趣的事情，也会很自然地残留在我们的记忆中，这一点可以通过看电视、报纸或车厢内的广告得到验证。在如今这个信息泛滥的时代，就算没有特别注意或记忆，广告传达的信息也会在不知不觉中停驻在脑海中被我们所记忆。从这一层意义来看，广告具有偶发学习的效果。

记忆的效果和目的有密切的关系，在其他条件相同的情况下，记忆的目的越明确，记忆的效果就越好。弗洛伊德认为：“意图是所有记忆与忘却的基础。人们所记忆的事物，应该是自己想要记忆的事物；所忘却的事物，也是自己想要忘记的事物。”这说明，只有明确的记忆目的才会产生好的记忆效果；反之，就容易忘却。

（3）运用联想记忆

联想是记忆活动的一种有效手段。然而，有时候难免会遇到怎么也联想不起来的情况，此时该怎么办呢？马德华德教授认为，“最好为记忆的事物创造一个背景，或提供一种环境”。比如，在回想某诗句时，你可能一时间想不起来，那么你可以回想同一首诗中的另一句，用这一句的回忆唤起想要的那一句的印象。因为，中国的诗，特别是古诗，在格律上是对仗的，往往讲起上一句就能想起下一句。

要想起别人的名字也是一样，不妨想想和对方交往或分开时的情景，对方的名字很可能就在你脑海中跳出来了。

在记英文单词时，可以借助英文单词的出处或包含的典故加深记忆。例如，若你知道“Uncle Sam”和“John Bull”的有趣故事，就会深刻地记住“Uncle Sam”代表美国，而“John Bull”则代表英国，二者都是非正式的、风趣的代名词。又如，“Go Dutch”表示用餐后各自付账的意思，如果你了解该词组的典故，就能记忆它的意思并加以灵活运用。

对于某些事物，如果想了几遍都想不起来，那么就暂时抛开不去想它，说不定在某一瞬间，那件事物就突然冒出来了。因为，在那段时间，虽然你没有特意停下来回想，但大脑仍处于工作的兴奋状态，一旦受到一定信息的刺激，那个事物就会立即出现。

联想记忆，是利用识记对象与客观现实的联系、已知与未知的联系、材料内部各部分之间的联系进行记忆。运用这种方法需要具有丰富的联想力，这就需要我们平时多进行练习。

比如，对“水”这个事物，我们可展开联想。首先有“潺潺的流水”“蔚蓝的海水”“碧波荡漾的湖水”；其次把水拟化成人，它可以是“温柔纯洁的姑娘”，可以是“随波逐流的流浪者”，也可以是“如飞瀑般充满豪气的壮士”。此外，从水还可以联想到金色的沙滩，水贵如油的西亚及其他干旱地区，甘甜可口的饮料、矿泉水……

以上便是无拘无束、海阔天空的自由联想。你也可以把上述联想按前面论述过的相似、相对及相邻或连接规律进行分类，确定分别属于哪一种。进一步联想，你还可以联想到“飞流直下三千尺”“一江春水向东流”以及“泉水”“井水”“水车”……

是不是在进行联想时，一定要先想到这么多？并不是。这里只是举例说明，只要你愿意进行联想，还是有很多东西可以联想的。你不必羡慕作家想象力丰富，如果你常常进行类似的联想，并勤于观察、练笔，你也可以成为作家。

八　多学科互相渗透提升学习能力

培养逻辑思考力以全面提升人的基本品质或基本素质为根本目的；以开发人的智慧和潜能为基本内容；以促进人的积极主动发展、形成人的健全个性、实现人的潜在价值为根本特征。

（1）注重多学科渗透

文、理分家必然导致人的发展片面化。培养逻辑思考力应注意扩大知识面，理科的学生要加强学习人文方面的知识，文科的学生要加强学习自然科学方面的知识。理工科学生应学习文、史、哲、艺术等人文社会科学，扩大知识面，拓宽视野，激发创新意识，为提高创新能力打下良好的文化基础。

古今中外，做出过创造性贡献的科学家大都知识渊博，爱好广泛。比如，我国东汉时期的张衡对天文、地理、数学、机械、文学、绘画等都有很高的造诣；美国对 1300 多名科学家所做的 5 年追踪调查表明，有成就的科学家极少是只通一门的“专才”，绝大多数是以具有多学科知识取胜的。这说明，创新思维和创新能力必须有广博的知识做基础，需要科学精神和人文精神的融合；而没有广泛的知识摄取，逻辑思考力也不可能增强。

现在学科分类很细，自然科学、技术科学、人文科学、社会科学、管理科学、教育科学、医学科学等多种学科并存。当今科技发展迅速，知识更新速度也显著加快，科学和人文日益融合，多学科相互交叉，使得专业划分过细、知识面过窄的状况已经不能适应时代的要求，加强文理交叉、实现多学科渗透成为培养逻辑思考力以应对人才需求的一种趋势。

因此，我们应注重获取知识能力的培养；注重对素质尤其是逻辑思考力的培养，拓宽专业面，优化知识结构，提升学生的实际工作能力；注重在进行专业教育的同时，开展包括文史哲艺术基本知识、基本修养、国内外优秀文化成果、自然科学知识的培养教育；注重多种学科之间的交叉渗透。

（2）培育高尚的人文素养

所谓人文素养，是指做人应具备的基本品质和基本态度，包括按照社会要求正确处理个人与他人、个人与集体、个人与社会、个人与国家，乃至个人与自然的关系。通常人们把人文素养教育看作关乎人类生存目的的教育。人文素养最典型的标志是人文精神。人文精神泛指人文科学体现出的对人类生存意义和价值的关怀，追求人生美好的境界、推崇感性和情感，着重想象性和多样化的生活，使一切追求和努力都归结为对人本身的关怀。人文精神可以概括为科学精神、艺术精神和道德精神。具体包括：①勇于为科学献身的高尚的人生观；②克服困难、勇于探索的精神；③科学研究上的好奇心和严肃认真的态度；④成功时虚怀若谷，正确对待自己和别人的美德；⑤强烈的民族精神和爱国精神；

⑥通力合作的精神；⑦敢于想象、善于想象的创新意识；⑧该学科中的美学等，真正使人们感受到人文修养对成长的影响。

比如，物理老师将居里夫人、伦琴、牛顿等科学家的敬业精神、道德风范渗透到物理课的教学中，使物理课更加丰富，更富有生机和人性，同时培养学生的人生观和价值观。

（3）培养创新意识和创新能力

今天，创新已经成为一个民族进步的灵魂，是国家兴旺发达的不竭动力，是发展各项事业的关键。一个人如果没有良好的人文素养，没有创新精神与创新能力赖以形成和发展的深厚的文化底蕴，没有广博的知识基础、开阔的视野、机敏的应变能力和较为完善的思维力，是不可能从事创造性活动的，也就没有逻辑思考力可言。培养人们的创新意识、创造能力，不断提高其获取新知识、发现并解决新问题的兴趣和能力，锻炼其从事科学研究、技术创新的创造性思维能力和实践能力，养成其求实、求是的创新意识和开拓、创业精神已成为当务之急。注重独立思维和强烈创造意识的培养，鼓励思维的批判性，允许标新立异，大胆对现有的知识提出疑问，再积极发现和创造新知识，已成为逻辑思考力养成的重点内容。

知识是无数人经过多次实践对事物的本质和规律理解的结果。对知识的学习可以分为两种：一种是机械性学习，也就是机械地认识所学的东西，这在学习过程中是必要的；另一种是理解性学习，也就是说，不但认识所学的东西，而且理解所学的东西。进行理解性学习，没有逻辑思考力的参与是不可想象的，否则很可能对事物的理解只是一知半解。

学习知识首先是理解前人已经理解的东西，而理解要经历一定的过程逐渐深入。理解可以有不同程度、不同水平，不是只有对事物的本质、规律完全认识才算理解。比如，关于“力”的知识。最初，对力的认识不可能完全达到揭露其本质、规律的程度，我们只懂得力的作用与物体的质量有联系，只知道力有大小，后来才逐步理解力不但有大小，还有方向、着力点等，才懂得力是事物之间的相互作用；再进一步，才理解力和运动及速度的关系，等等。不管这种联系、关系的认识程度和深度如何，都是通过思维、领会、理解才能达到的。

在学习知识的过程中，虽然靠直接感知可以获得某些对客观事物的认识，而且这种认识是不可缺少的，但是要学习前人的认识成果，仅靠这种认识是不够的，只有运用逻辑思考力学习知识，方能达到真正掌握知识的目的。

培养逻辑思考力，对理解、掌握知识有着不可忽视的作用，因此，我们在学习已有知识的过程中，必须重视对逻辑思考力的培养，养成良好的思考习惯。

九　养成创造性思维习惯

关于逻辑思考力，教育学大师总结了一些常见的创造性思维方法，主要有矛盾法、逆转法、分合法、求同排异法、质疑法、寻找缺点法、变换角度法、求异法。

（1）矛盾法

在现实生活中，矛盾是无处不在的，从哲学的角度看，矛盾是事物的本质属性，是事物存在和发展的根本原因，存在于一切事物和过程中。事实上，也确实如此。人类历史上有很多创新都是从矛盾中孕育而生的。如爱迪生通过克服电阻和发热的矛盾，制造出稳定、耐用的灯泡；史蒂夫·乔布斯成功处理了移动通信设备的便携性和功能性之间的矛盾，进而开创了人类智能手机的新纪元。

（2）逆转法

逆转法，是指在思考问题时，从相反的方向、对立的角度思考问题、解决问题的方法，就是我们常说的“反其道而行之”。逆转法一改正面探索问题的常规做法，从反面看待问题，往往能让人产生独特的构思和新颖的观念，收到令人意想不到的效果。

在学习中，我们常常无意间使用这种方法。比如，在做数学题的时候，可以用加法得到的和验证减法的运算正误，可以用除法验证乘法得到的积。

通常，科学家、发明家都具备使用这种方法的习惯。欧几里得几何学沿用至今已有 2000 多年，匈牙利数学家亚·诺什在 18 岁时就从反方向对其进行思考，从而创立了“非欧几何学”。

在学习科学理论的时候，我们也可以运用逆转法对前人的理论进行验证，加深对理论的理解。

（3）分合法

分合法，是指在思考的时候，把思考对象的有关部分进行分解或重新组合，以求找出解决问题的方法。曹冲称象就是分合法的典型例子。在古代，秤最多只能称 200 斤，面对一头上万斤重的大象，怎么称它的重量呢？聪明的曹冲想到了一个好办法，他以大木船为“秤”，把大象分解为等量的石块，然后称出这堆石块的重量，就是大象的重量了。

在日常生活中，这种思维方法很常见。戴帽子的外衣就是帽子和上衣的组合，收音机和录音机连在一起就成了收录机。而我们常用的带有橡皮的铅笔就是在美国一个中学生学习时把铅笔和橡皮绑在一起使用的启发下发明出来的。生活中，我们也可以积极动脑，自己动手，分解、组合，“化腐朽为神奇”，“变无用为有用”。

（4）求同排异法

求同排异法，是指在思考过程中，面对多种不同的情况，找出它们的共同因素，排除不相干的因素。这其实是在形式逻辑思维中寻求因果关系的一种方法。

比如，在对许多地方的流行性甲状腺肿大进行调查的过程中，卫生保健人员经过多方调查，发现不同气候、不同风俗民情的不同地区都有患这种病的人，但是患这种病的人的一个共同点就是他们生活环境的土壤和水流都缺少碘元素，而他们的饮食和饮水中也缺少碘元素。经过各种分析比较验证，研究人员发现，缺碘就是引起甲状腺肿大的原因。

值得注意的是，求同排异法不适用多种因果联系的分析。因此，我们在寻找原因的过程中，可以将这种方法与其他方法结合使用，以提高其可靠性。

（5）质疑法

质疑法就是在学习思考时，敢于提出问题，敢于挑战权威，不盲目从众，不受传统理论的束缚。“学贵知疑，小疑则小进，大疑则大进，疑者，觉悟之机也。一番觉悟，一番长进。”当然，质疑并不是没有根据地乱说，而是在深入学习前人的知识经验并经过深思熟虑的基础上提出的。

数学家华罗庚在初中毕业后，就自学数学。在自学过程中，他发现了当时一位数学教授的公式推导有误，就大胆提出质疑。

而华罗庚也从此被人发现挖掘，成为著名的数学家。在学习过程中，我们也要敢于质疑，这是走向成功的重要途径。

（6）寻找缺点法

寻找缺点法是指在解决问题的时候，把思考对象的缺点找出来，然后针对这些缺点有的放矢地进行改进，从而成功地解决问题。这就如同我们写完一篇作文后，拿给有水准的人看，让他帮我们找出不足，然后我们对这些不足进行修改，就可能写出好文章。许多发明创造、科学研究就是用这种方法获得成功的。

诺贝尔物理学奖获得者李政道说："你想在科学研究工作中赶上、超过人家吗？那你一定要摸清楚在别人的工作里，哪些地方是他们不懂的。看准了这一点，钻下去，一定有所突破，你就能超过人家，跑到前头去了。"他本人就在一项研究中运用了这一方法。他针对那项研究的题目查阅有关资料，专门探究别人在该项研究中的缺点，闭门思索，潜心研究，仅用了几个月时间就提出了一种新的理论。

（7）变换角度法

一家玩具店的老板在店里显眼的地方摆了一个高架子，上面都是一些吸引人的玩具，但是，他发现，儿童在走过这个高架子时，很少注意高架子上的玩具。他一直想不明白为什么。后来，他换了个角度，试着从儿童的角度看问题，才发现，摆玩具的架子太高了，儿童的身高有限，看不到高架子上的东西。于是，老板把高架子撤走，并将所有的玩具摆在与儿童的视线水平的地方，结果来购买玩具的儿童越来越多。

（8）求异法

求异法是指在有两种或两种以上情况下，从它们的差异中寻找原因的方法。如果某种现象在一种情况下存在，而在另一种情况下不存在，我们就可以在这两种情况中进行分析，找出它们的不同点。

比如，“黑洞之谜”的解决。在某山区，发现了一个很怪异的黑洞。猫、狗、鼠等动物走进去很快就会倒地而死，而人走进去却不受影响，马、牛等动物也不会受到影响。研究人员对这两种情况进行对比分析，发现它们之间的差异是头部是否离地行走，如果头部靠近地面行走就会造成死亡。研究人员进一步考察发现，原来这个黑洞的地底释放二氧化碳气体，二氧化碳比空气的比重大，洞内又不通风，二氧化碳就沉积在地面上，所以头部靠近地面行走的动物由于地面没有氧气，缺氧而死。一个难解之谜就这样解开了。

求异法也有一定的局限性，我们在应用的过程中，要反复验证，并结合其他思维方式进行思考。

第十章

逻辑思考力测试

逻辑思考力的测试有多种方法，如题外觅解法、举一反三法、结论猜想法、疑点破释法等。各种方法的测试重点也有所不同，如思维方式的测定、认识事物联系能力等。最后，我们做一些经典题目，这不仅是测试的过程，也是训练的过程。

一 测试重点

任何事物都有主次之分，若抓住主要方面则“纲举目张”。同样地，逻辑思考力的测试也有重点，而测试的重点就是逻辑思考力培养的重点。

（一）重在思维方式的测定

逻辑思考力是由思维方式决定的。根据不同的原则，思维可以划分为不同的思维或思维方式。

根据思维的凭借物和解决问题的方式，可以把思维分为直观动作思维、具体形象思维和抽象逻辑思维。

（1）直观动作思维

直观动作思维又称“实践思维”，是凭借直接感知、伴随实际动作进行的思维活动。实际动作便是这种思维的支柱。幼儿的思维活动往往是在实际操作中，借助触摸、摆弄物体产生和进行的。例如，幼儿在学习简单计数和加减法时，常常借助数手指，实际活动一旦停止，他们的思维就会立即停下来。成年人也有动作思维，如技术工人在对一台机器进行维修时，一边检查一边思考故障的原因，直至发现问题排除故障为止，在这一过程中，动作思维占据主导地位。

（2）具体形象思维

具体形象思维是运用已有表象进行的思维活动。表象便是这类思维的支柱。表象是当事物不在眼前时，在个体头脑中出现的关于该事物的形象。人们可以运用头脑中的这种形象进行思维活动。具体形象思维在幼儿期和小学低年级儿童身上表现得非常突出。如儿童计算 3+4 = 7，不是对抽象数字的分析、综合，而是在头脑中用三根手指加上四根手指或三个苹果加上四个苹果等实物表象相加计算出来的。在青少年和成年人中，具体形象思维仍是一种主要的思维类型。例如，要考虑走哪条路能更快到达目的地，便需要在头脑中出现若干条通往目的地的路径形象，运用这些形象进行分析、比较并做出选择。在解决复杂问题时，鲜明生动的形象有助于思维的顺利进行。艺术家、作家、导演、工程师、设计师等都离不开高水平的具体形象思维。学生更需要运用具体形象思维理解知识，并将其作为他们发展抽象思维的基础。

（3）抽象逻辑思维

抽象逻辑思维是以概念、判断、推理的形式达到对事物的本质特性和内在联系认识的思维。概念是这类思维的支柱。概念是人反映事物本质属性的一种思维形式，因而抽象逻辑思维是人类思维的核心形态。科学家研究、探索和发现客观规律，学生理解、论证科学的概念和原理以及日常生活中人们分析问题、解决问题等，都离不开抽象逻辑思维。在小学高年级时，学生的抽象逻辑思维得到了迅速发展；进入初中后，学生的抽象逻辑思维开始占据主导地位，初中一些学科的公式、定理、法则的推导、证明与判断等都需要抽象逻辑思维的参与。

儿童思维的发展，一般会经历直观动作思维、具体形象思维和抽象逻辑思维三个阶段。成年人在解决问题时，这三种思维往往是相互联系，相互补充，共同参与思维活动，如在进行科学实验时，既需要高度的科学概括，又需要展开丰富的联想，还需要在动手操作中探索问题的症结所在。

（二）重在创造能力的测定

逻辑思考力本身就是一种创造力。这种创造力不仅体现在自然学科，也体现在人文艺术方面。逻辑思考力的这种创造力是全方位的。

创造力的主要成分是发散思维，即无定向、无约束地由已知探索未知的思维方式。按照美国心理学家吉尔福德的看法，当发散思维表现为外部行为时，就代表了个人的创造能力。其行为表现有三个特征：①变通性，思维能随机应变，举一反三，不易受功能固着等心理定式的干扰，因此能产生超常的构想，提出新观念。②流畅性，反应既快又多，能够在较短的时间表达出较多的观念。③独特性，对事物具有独特见解。聚合思维在创造能力结构中同样具有重要作用。所谓聚合思维是指利用已有定论的原理、定律、方法，解决问题时有方向、有范围、有程序的思维方式。发散思维与聚合思维二者相互统一、相辅相成。

人们在进行创造性活动时，既需要发散思维，也需要聚合思维。任何成功的创造性都是这两种思维整合的结果。创造力与一般能力有一定的关系。研究表明，智力是创造力发展的基本条件，智力水平过低者，不可能有很高的创造力。另外，创造力与人格特征也有密切关系，综合多人研究的结果表明，创造力强者具有如下人格特征：兴趣广泛，语言流畅，具有幽默感，反应敏捷，思辨严密，善于记忆，工作效率高，从众行为少，好独立行事，自信心强，喜欢研究抽象问题。

有无创造力和创造力的强弱，直接决定了一个人逻辑思考力的强弱。

（三）重在反应能力的测定

反应能力是指人对事物的认知、判断、观察及人的思维、理解的快慢和速度。反应能力是一种综合能力的体现，是测定逻辑思考力一个非常重要的指标。

同样一件事、一个问题，不同的人反应的速度完全不同。

能迅速准确地回答问题，说明这个人的逻辑思考力很强，只有具备敏锐的洞察力和较强的理解力才能迅速准确地回答问题。

反应能力强，说明一个人思维敏捷、判断正确。比如，在《西游记》中我们经常看到这样的情节：每当唐僧师徒四人到一个处于荒山野岭、环境异常阴森的地方时，孙悟空就会最先想到，这很可能是妖怪出没的地方，结果往往被他猜中，而猪八戒的反应力就不及孙悟空，因此经常受到妖怪的突袭而丢掉师傅。思维敏捷、判断正确是逻辑思考力的重要表现。

二　测试方法

逻辑思考力的重要性不言而喻，相信每个人都想知道自己的逻辑思考力如何。测试逻辑思考力的主要方法如下。

（一）题外觅解法

题外觅解法，即打破固有的思维方式，不走寻常路。不可否认，思维定式在人类社会进步中扮演了极其重要的角色。它能使思考者在思考同类或相似问题时，省去许多摸索和试探的步骤，从而少走弯路，节省很多时间。然而，“一定之规”使人们在遇到一些问题时百思不得其解。这就需要人们突破固有的思维方式，到题外寻找答案。而到题外寻找答案，就要有良好的逻辑思考力。题外觅解法是测试逻辑思考力的试金石。

为满足市场需要，日本一家公司的科技人员开始设计一种新的小型自动聚焦相机。所谓自动聚焦，就是相机要根据拍摄的对象，自动测量距离，然后镜头做出相应的调整，自动定好焦距。设计这种相机有几个必须达到的基本要求：小巧轻便，容易操作，成本低廉。

按照当时的技术水平和条件，在相机里装进电动机以后，体积就小不了，重量就轻不了，成本也很难降下来。如果再为它特别设计一种专用的超小型电动机，时间又很难保证。科技人员为此大伤脑筋，想了很多办法都行不通，设计工作长时间裹足不前。后来，一个不是电机专业的技术人员想到：自动聚焦需要的动力很小，而且距离很短，不用电动机，用弹簧行不行呢？这个突破了“一定之规”——“必须用电动机驱动”的新设想提出后，科技人员沿着新的思路不断进行探索和试验，没过多久，就相继设计制作出了一种又一种小型和超小型的自动聚焦相机。这种给人们带来了很大方便的“傻瓜相机”被科技界给予了很高的评价，认为它代表了产品开发的一个新的重要方向——“傻瓜化”，即“功能简单化”“易操作化”“高智能化”“高科技化”。

看来，只有打破“一定之规”才有利于创新思考。

有一位心理学家说过："只会使用锤子的人，总是把一切问题都看成钉子。"就好像卓别林主演的《摩登时代》里那个可笑的工人那样，由于每天从早到晚拧螺丝帽，一切圆的东西，包括衣服上的纽扣和圆形图案，在他眼里都成了螺丝帽，他都会用扳手去拧。

无论是在创新思考的开始，还是在其他某个环节，当我们的创新思考活动遇到阻碍，陷入某种困境，难以再继续思考的时候，都有必要认真检查一下：我们的头脑中是否有了某种思维定式在起束缚作用，我们是否被某种思维定式捆住了手脚？不要忘了题外觅解法是解决问题的有效途径。

（二）举一反三法

举一反三，词典作"从一件事情类推而知道许多事情"解。一个人要想学得快，就要懂得举一反三，以提高效率；一个人要想发明创造、寻求创意，也要善于举一反三，让绝妙的构思如泉喷涌。事实上，举一反三就是一种联想能力的实践和运用，这种思考模式像细胞分裂似的由此及彼，创造出一个又一个新鲜的事物。

验证一个人是否具有良好的逻辑思考力，重要的一点是看他是否有举一反三的能力。

孔子曰："举一隅不以三隅反，则不复也。"意思是，教人认识四方的东西，举出一个角为例，让他类推另外三个角，如果不能类推，就不要再教他。由此产生"举一反三"这个成语，它具有从一个道理类推而知道许多道理的意思。

其实，一个人的认识无时无刻不在"举一反三"的过程中。

数学是举一反三的最好应用，一个简单的公式，如平方差公式，有些人虽然对其相当熟悉，但是在实际运用时往往很吃力，因为实际运用中不会简单地让你套公式，a^2 减去 b^2 的形式大多数情况下被其他更复杂的项替代，所以，公式相当于一个工具、一个模式，在实际运用中要加强自己的能力，只要碰到同一类型的结构，马上就能联系到简单的模式。

举一反三的思维是很容易培养的，只需在处理事情的过程中注意观察，勤于思考，事后认真总结。总结是举一反三的基础所在，只有善于总结的人才会使自己的经验不断增加，从而不断进步。

（三）结论猜想法

结论猜想，无论是在猜想结论的过程中，还是在对这个猜想的结论进行验证的过程中，都因为有逻辑思考力的参与，才达到了解决问题的目的。

“猜想—验证—结论”是我们获得数学知识的重要方法。数学上的很多定律、性质、法则、公式都可以用这种方法获得。例如，通过对 39+75+25 与 39+（75+25）的计算，发现 39+75+25=39+（75+25），再观察这个等式得到“三个数连加，改变运算顺序，和不变”的结论。但是，仅凭这一个例子得出的结论只能是一个猜想。既然是猜想，就得验证。通过进一步举例验证，发现这个猜想是正确的，于是我们就可以得出：“三个数连加，改变运算顺序，和不变”，这就是加法结合律，即 a+b+c=a+（b+c）。

从个别特例中形成猜想并举例验证，是一种获取结论的方法。但有时通过对已有的结论进行适当的变换、联想，同样可以形成新的猜想，进而形成新的结论。例如，把“三个数连加，改变运算顺序，和不变”这一结论做适当变换、联想可以得到以下猜想。

猜想一：$a-b-c=a-(b-c)$。

猜想二：三个数连乘，改变运算顺序，积不变。

猜想三：$a \div b \div c=a \div (b \div c)$。

猜想四：多个数连加，改变运算顺序，和不变。

通过举例验证，发现猜想一和猜想三是错误的，猜想二和猜想四都是正确的。由此我们又得到两个结论：“三个数连乘，改变运算顺序，积不变”“多个数连加，改变运算顺序，和不变”，前者是乘法结合律，后者是加法结合律的拓展。

可见，在“猜想—验证—结论”的过程中，没有哪个环节可以离开逻辑思考力的参与。结论猜想法是测试一个人是否有良好逻辑思考力的试金石。

（四）疑点破解法

求知重在培养逻辑思考力。求知的目的是明心见性，而不是知识的堆砌。在求知的过程中，只有具有良好的逻辑思考力，才能明心见性。破解求知过程中的诸多疑点，更要有逻辑思考力的参与。而疑点破解法不失为测试逻辑思考力的重要法则。

勤于释疑，何尝不是较为成功的读书方法之一？大凡见世之文章，都是作者对当时社会生活感受的表露。由于作者的处境不同，很多一时不好直说的话，只能斥之“曲笔”。这样的文章，往往给阅读水平低的人留下不少疑难。要破解这些疑难，就需要用心推敲。否则，你将永远不能走进作者构建的艺术殿堂，也就无从把握文章的主旨章法，总是处于一知半解，甚至适得其反的阅读阶段。

唐代柳宗元的《小石潭记》，是选进中学课本的名篇。其中有这样一句："坐潭上，四面竹树环合，寂寥无人，凄神寒骨，悄怆幽邃，以其境过清，不可久居，乃记之而去。"按字释义，这句话不难理解，但联系上下文，我们会发现，作者这个说法，前后矛盾太大，很有斟酌的必要。其一，文中明明说，"同游者吴武陵、龚古、余弟宗玄。隶而从者，崔氏二小生，曰恕己，曰奉壹"。这样看来，连作者本人，一共有六人同游，怎么又说"寂寥无人"？一般常识，邀约同游，多在于消除"寂寥"，已有五人做伴，何来"寂寥"？其二，作者在另一篇游记中说，不能因游览胜地环境深幽，就避而不去，而是要适应它。既然如此，作者为什么又在这里说"以其境过清，不可久居"呢？其三，文中有这样一段描写："隔篁竹，闻水声，如鸣佩环，心乐之。伐竹取道，下见小潭，水尤清冽。全石以为底，近岸，卷石底以出，为坻，为屿，为堪，为岩，青树翠蔓，蒙络摇缀，参差披拂。潭中鱼可百许头，皆若空游无所依，日光下澈，影布石上，佁然不动，俶尔远逝，往来翕忽，似与游者相乐。"无疑，这段话字里行间都流露出作者游兴很浓，心情无比快乐。但为什么"潭西南而望"后，这种心情立即改变了呢？正因生疑，画意已没，心便"走神"了。看到此，我们都想找出个中答案。

如果细心查找一下柳宗元写此文时的心境，就不难找出个中答案。原来，自王叔文政治集团失败后，柳宗元被牵连一贬再贬，惊魂未定，前途未卜，冤屈难伸。到永州落脚后，想借山水消愁解闷，排遣恐惧，但在小石潭西南，他忽然望到了"斗折蛇行，明灭可见，其岸势犬牙差互，不可知其源"的岸势，触景生情，想起了在朝时的险恶政治斗争，这暗示对他产生移情的作用，触动了他的隐痛，情随景生，景随情化，原先欢乐的心情，忽而变得“凄神寒骨，悄怆幽邃”，佳景反而成为恶境了。作者这种临时的特殊心态，与他的总体心态是一致的。弄清了这一点，我们心中的疑窦就迎刃而解了。

李白的《梦游天姥吟留别》，也是选进中学课本的名篇。课本对此诗做了个“自读提示”，说这首诗写的是诗人“对自由的强烈追求”，但细心的读者经多方考证，认为此诗写于天宝四载（745 年），即李白被唐玄宗赐金放还，赶出长安后的第二年。梦游天姥，实际是作者对一年多的宫廷生活的回忆，是托天姥写他对宫廷生活的见闻感受，是托天姥寓去国离都的心绪。在作者的情感世界里，过去一年多的宫廷生活无异于一场噩梦。因为其时的唐玄宗，已不是一个励精图治的皇帝，他把一切重大政务交给了权奸李林甫、高力士等人，自己过起了歌舞淫靡的生活。他召李白进宫，赏识的是李白的才华，对李白的政治理想却不屑一顾。因此，在李白看来，除了离开是非丛生的宫廷，别无选择。明白了这一点，我们就可以肯定地说，这首诗所写的梦境，并不是李白追求的理想境界，而是托梦游抒写诗人的人生体验，是李白真实生活经历的影子，表现了诗人绝意仕途、告别朝廷、寻求自由生活的意向和决不向权贵低头的傲岸性格。

读书的方法虽然多，但勤于思考，善于释疑，不失为进入艺术情境的好方法。

三　测试题目

五道经典的测试题，看看你能做出几道?

（1）有两根分布不均匀的香，香烧完的时间是一小时，你能用什么方法确定一段15分钟的时间?

【答案】

一根香点燃一头，另一根香点燃两头，在两头燃的香燃尽后，将点燃一头的那根香另一头点燃。剩下的香燃完的时间就是15分钟。

（2）有两位盲人，他们各自买了两双黑袜和两双白袜，八双袜子的布质、大小完全相同，每双袜子都用一张商标纸连在一起。两位盲人不小心将八双袜子混在了一起。

他们怎样才能取回各自的黑袜和白袜呢?

【答案】

将每对袜子都分成两只，每人拿其中的一只。

（3）你有一桶果冻，其中有黄色、绿色、红色三种，闭上眼睛，抓取两个同样颜色的果冻。抓取多少个就可以确定你肯定有两个同一颜色的果冻？

【答案】

四个。有可能第一次就抓取了两个一样颜色的果冻。如果第一次抓取的两个颜色不同，就再抓取两个，结果是要么这两个相同，要么有至少一个与第一次抓取的有相同的。

（4）麦克因工作繁忙，临时决定请尼克来协助他工作。规定以一年为期限，一年的报酬为 600 美元与一台电视机。

可是尼克做了 7 个月后，因急事必须离开麦克，并要求麦克付给他应得的报酬和电视机。由于电视机不能拆散付给他，结果尼克得到了 150 美元和一台电视机。

现在请你想一想：这台电视机值多少钱？

【答案】

由电视机 +150 美元 =0.7×（电视机 +600）美元，可得电视机为 900 美元。

（5）在一架飞机上，中间是一条过道，两边是座位，每一排为三人。两位空姐 A 和 B 每人负责一边，给每位旅客分配旅行物品。

开始的时候，A 给右边的旅客发放了 6 份旅行物品，此时，B 过来对她说，左边应该由 A 负责。于是 A 重新到左边开始发放旅行物品，B 接着给右边剩下的旅客发放旅行物品，之后，B

又帮 A 发了 15 份旅行物品，最后两人同时结束工作。

请问：A 和 B 谁发得多？多发了多少份？

【答案】

A 比一行少发 9 份，B 比一行多发 9 份，所以 B 比 A 多 18 份。